Decoupage

蝶古巴特達人學

你一定學得會的48個實作技法

拼貼女王 張靖宜——著

完全圖解

追尋，創造玩美風格
Preface 自序

《蝶古巴特達人學》是我的第二本書。

這是一本蝶古巴特全技法，鉅細靡遺地分享構圖概念與製作程序。

蝶古巴特是很容易入門的工藝，7至70歲都能輕鬆上手。我想藉由簡易且生活化的方式，帶你認識蝶古巴特的世界，透過書中48種技法的操作，輕輕鬆鬆成為達人。當然更歡迎你的創意，讓我們一起加深、加廣蝶古巴特的應用，無邊無際地進行延伸。

蝶古巴特是幻想世界，可以華麗繽紛，可以簡單大方；可以古典浪漫，也可以盡情顛覆。利用紙張圖案，組合構圖，藉由拼貼來說故事，並實現心中的畫面。不需要繪畫基礎也可以做到！只需要剪紙、拼紙、貼紙，就能優遊想像，創造不凡的美麗作品。

我在教學的過程中發現，很多學生總是想學技法，常常猜測別人的作品中使用了什麼技法。可是，再多的技法都不及能實現原創構想的靈光乍現。當然，巧婦難為無米之炊，沒有米怎麼煮飯？然而，技法是「米」，固然重要，但是如何煮成一鍋好

吃的米飯才是真功夫！也就是說，如何發揮創意與想像力進行構圖、運用技法，成就一個完整美好的作品，才是蝶古巴特拼貼的意義所在。

構圖審美是很主觀的事，受個人的品位、對美的感受力，以及審美流行取向的影響。但也因為美醜沒有定論，審美取向也因人而異，於是才能使作品呈現出不同的風格表現。構圖需要有一個主題來引導，如同文章需要題目一樣，布局出整個作品的協調度與統一性。有時候作品越簡單，越能引起共鳴呢！總之，「構圖」也是一種追尋美的智慧旅程，透過練習，不斷更新與進步，就會玩出自己的風格。

拼貼是一種入門門檻不高的技法，提升藝術高度卻不是件簡單的事！但是，只要進得門來，剪紙、重組、鍛鍊想像力，把你的感受力放進作品裡，透過蝶古巴特，人人都可以成為藝術玩家、手作達人！

希望透過這本書，幫助你運用這些概念，創作出自己的風格。

拼貼女王 張靖宜
Ginny Queen

Contents

◆——— **Chapter 1**
賞心・悅目：作品欣賞＆製程

Chapter 2
玩轉‧繽紛：基礎技法教學

Introduction

About Decoupage

什麼是蝶古巴特？

「蝶古巴特」中文一詞是取自義大利文Decoupage的直譯音。

Decoupage來源於中古法語中的decouper，意思是剪裁或切斷某物，是一種工藝或藝術形式，將剪好的紙黏貼到物體上，然後使用幾層漆覆蓋保護。剪紙起源於西伯利亞的陵墓藝術，遊牧部落從西伯利亞來到中國。在十二世紀時，剪紙被用來裝飾窗戶、燈籠、盒子和其他東西。而十七世紀義大利處於遠東貿易的前沿，通過這些貿易聯繫，剪紙的裝飾品（decoupage）進入歐洲。義大利威尼斯人將印刷好的圖案以膠劑黏合於家具，上色之後，再塗上多層的雄黃脂，這是最早的蝶古巴特。因為容易入門，同時也因為各式顏料、膠劑的研發演進，蝶古巴特已然普及成為一門美學的工藝。

蝶古巴特的入門門檻不高，在享受創作過程之外，運用剪紙將印刷紙的圖案剪下作為創意的元素，讓不會畫畫的人也能輕易發揮獨特的巧思與潛能。蝶古巴特可以與各種材質結合，運用多媒材讓作品的創意更多元，隨手拼貼皆成巧思，舊物改造之後成為神奇——這就是蝶古巴特綿延流傳三百年的魅力。

蝶古巴特就是拼貼嗎？

我們常常將蝶古巴特（decoupage）概括說成是拼貼。而其實拼貼藝術（collage）概括的範圍更廣泛，是透過不同材質元素組合成的視覺創作。嘗試複合媒材的應用，或是呈現顛覆邏輯的視覺效果，透過拼貼的構圖與設計來訓練創意表現，取材可以來自生活周遭的想像，不論是唾手可得的攝影作品，或雜誌及報紙等元素皆可運用。因為技法簡單，會使用剪刀就可入門體驗，好玩又有趣，在歐美的學校會利用拼貼藝術（collage）來訓練學生的構圖與創意。而「蝶古巴特」是拼貼藝術中生活化又充滿樂趣的一種形式表現，大都應用於生活中實用家飾與舊物改造，是與生活連結最深的美學工藝。

蝶古巴特的風格只限於鄉村風嗎？

蝶古巴特多用於生活家飾的素材，很多都是木質胚體，讓人直覺想到鄉村風的自然、植物、花鳥與shabby chic白色刷舊又有時尚感的鄉村風格。其實蝶古巴特呈現的風格是多變化的，因為圖案取材非常多元，風格也是因選圖而異，會因為拼貼構圖的不同而呈現不同的表現。而我偏愛自由的美式風和歐式的黑板風，每種風格的呈現都可以有各自的精采與新意，這也是蝶古巴特的魅力之一。

蝶古巴特用於哪些胚體？要如何打底上色？

為胚體打底上色，有如美妝打底，透明底劑是妝前隔離霜，增厚打底劑（Gesso）像粉膏一般，壓克力顏料則有如粉底霜，一層層地塗刷到表面完美，最後再上一層透明底劑可以達到「定妝隔離」的效果。胚體打底上色飽和均勻，這是蝶古巴特完美妝感的第一步。不同胚體的打底方式如下說明：

● 木器

＊在木質胚體先塗一層透明底劑封住木胚毛孔。吹乾。

＊上色（壓克力顏料）。吹乾。

＊打磨（粗磨至表面平滑，使用＃150至＃180砂紙）。

＊再上色至色澤均勻飽滿（壓克力顏料）。吹乾。

＊塗一層透明底劑以隔離顏料表面。吹乾。

● 鐵器

＊以清水洗淨鐵器，拭乾。

＊以海綿沾增厚打底劑（Gesso）打底，拍至表面均勻，吹乾備用。

● 玻璃

＊以清水洗淨玻璃胚體，吹乾。

＊以玻璃胚體背面塗一層透明底劑，增加摩擦阻力，吹乾。

● 布類

＊布胚可直接黏貼，若是布胚不夠白或有些棉殼黑點，可事先在布胚上薄塗一層增厚打底劑，增加布胚的顯色度。

● 陶器

＊以清水洗淨陶器，拭淨，吹乾。

＊以海綿沾增厚打底劑（Gesso）打底，拍至表面均勻，吹乾備用。

蝶古巴特所使用的紙材從哪裡來？

蝶古巴特的主角是圖紙，漂亮多樣的圖紙讓初學者輕鬆入門，即使不會畫畫也能學習構圖樂趣。紙材分為彩色餐巾紙、硬紙（不透明）、棉紙三大類，大部分的紙張進口自歐美國家。

*彩色餐巾紙。紙質柔軟透明又平價，各式各樣的花色任君選擇，是蝶古巴特入門使用最多的紙材。

*硬紙。蝶古巴特的紙材，舉凡進口專用紙、月曆、古典單色印花、瓷畫紙、美編紙甚至照片等，皆屬於硬紙範圍，也習慣統稱為「專用紙」。市售的專用紙的紙質多為60至150磅的不透明印花紙，因為印刷技術的進步，專用紙印刷的色彩更為飽和。

*棉紙。因紙纖維不同分為棉紙與輕棉紙。紙質柔軟透明，棉紙纖維韌性較高不容易破，很好黏貼。印刷色澤雖不如專用紙，卻比印花餐巾紙的色彩鮮豔飽和。

蝶古巴特所使用的膠有幾種？

蝶古巴特運用的技法多變，應用廣泛。所使用的膠除了好用好操作之外，安全性也是選擇膠的重要因素。無臭無味是最簡單的基本原則，由公正單位把關的SGS無毒認證也是分辨的依據。手作使用的膠劑終究與自己的健康息息相關，使用有SGS認證的膠劑，為安全健康把關。

蝶古巴特所用的膠材因應技法，推陳出新，種類繁多。基本上最常使用的膠有三種：透明底劑、拼貼膠、保護劑。

＊透明底劑的作用在於防水與隔離，如封木胚體的毛細孔、底色與背景間的隔離等。
＊拼貼膠的作用在於圖紙與胚體的黏著，不同紙材的黏貼，各有適合的專用拼貼膠。
＊保護劑的作用在於保護表面，是蝶古巴特作品最終的步驟，為了保存作品。保護劑有水性、油性、亮光、消光，液體、膠狀、噴劑式等多種選擇性，端看胚體的性質與實用性來選用。

蝶古巴特作品在保存上有哪些注意事項？

蝶古巴特拼貼後的作品要上多層的保護劑才算完成。保護劑可以選擇表面亮光還是消光的類別，也有油性或是水性的不同。一般而言，實用性強且需要經常擦拭、洗滌的物品，建議都要使用油性保護劑來保護創作面。油性保護劑通常塗二至三次，因為含有溶劑，味道刺鼻，盡量不要在密閉的空間操作，完全乾燥大約二十四小時，冬天或濕氣重的梅雨季，乾燥時間會延長。而水性保護劑的使用率高，因為容易清洗，方便操作。水性保護劑的保護膜較薄，需要三至五層的保護，每次都要吹乾再塗。另外，實用性高的木器在完成水性保護劑的程序之後，建議再加一至二層的油性保護劑，增厚作品表面的保護膜，會更有利於保存。

拼貼在構圖上有什麼技巧？
如何培養或提昇自己的構圖能力呢？

如何構圖是很抽象的概念，既簡單又困難。在我教學的經驗中，學生們通常是先選擇胚體再選用圖紙，而每種胚體創作面的大小不一，實用性不同，也會影響選紙與構圖。在構圖的技巧方面，我會引導學生選定一個主題來構思，找好主角圖紙，再搭配次主角圖紙，然後選擇胚體的底色和背景技法來豐富畫面的故事性，形成和諧完整的作品。有如作曲，需要音符、樂句、休止符與節拍等各個部分的布局，共同形成完整和諧的樂曲。

蝶古巴特的胚體常是椅子、盒子、托盤之類的生活實用小物，一般而言，畫面構圖以平衡構圖法與三分法構圖的應用最多。盡量少出現平行式構圖與直線式構圖，讓構圖畫面具有延展性而不被切割，也是構圖時需要考慮的重要因素。

然而，構圖雖然有些規則與方法可以遵循，美醜其實沒有定論，也因為審美的傾向因人而異，領悟美的能力與審美取向其實也是一種取捨，美感欣賞是視覺的練習，不斷強化視覺與作品的操作，就能漸漸玩出自己的風格。

如果我想學習蝶古巴特，該如何開始？

蝶古巴特相當容易入門，一開始就當成剪貼來練習，經過老師的指點之後，就連幼稚園小學生都能開心體驗。如果有興趣認識蝶古巴特，社區大學、救國團、推廣中心、專業手作工作室等都有一些入門的初階課程可以選擇。

從事蝶古巴特創作有哪些進修管道？

如果你想有系統的學習蝶古巴特，可以搜尋並比較一些有關蝶古巴特藝術拼貼證書的系列課程，在課程編排會有系統地由淺入深，加深加廣，而授課老師也都經過專業培訓，是值得信任的專業師資。

目前市場上有關蝶古巴特的證書課程不少，如何選擇就看個人的喜好與需要，每種證書課程各有其設計者的宗旨與精神。惟大部分的蝶古巴特證書課程大都以專用紙為紙材，其中只有AGS Possibilities的蝶古巴特藝術拼貼課程有完整的1A印花餐巾紙課程學習。由於餐巾紙的價格便宜且取得容易，圖案的選擇與更新多且快，在教學方面，餐巾紙的應用也是最廣的。AGS還有2A專用紙的師資課程、3A大型家飾的高階師資課程，透過三階由淺入深，系統編排成完整專業的蝶古巴特藝術拼貼證書課程，這是想從事創作並一窺蝶古巴特殿堂的進修管道，也是想要發展文創職能，成為蝶古巴特成人藝術教育師資的培訓捷徑。

賞心・悅目
作品欣賞&製程

踏雪尋梅

自由美式風

●圖源：餐巾紙 ●設計者：張靖宜

應用餐巾紙在真皮鞋面上，
創造相關又不對稱的美感，
這是手作的魅力，永遠都是唯一。
關於圖案有萬種選擇，
只要決定構圖主題，喜歡就動手作吧！

使用技法	How to make→Page.111

皮革拼貼法

TIPS／＊由於皮革拼貼膠富有韌性，適合皮革材質的
韌性與質感。

＊皮革拼貼膠的用法與技法2單劑型貼法相同。

＊以十二層皮革拼貼膠作為表面保護，經過攝
氏九十度的熱烘可使鞋型固定且更完美。

胚體材質：牛皮

製作程序

1 選餐巾紙時先初步構圖，在皮革表面上皮革介面
劑打底後，上白色底劑兩層，待乾。

2 使用單劑貼法拼貼餐巾紙層，吹乾。

3 最後上十二層皮革拼貼膠作保護（每層間需吹乾
再上膠）。

4 拼貼好的牛皮送工廠手縫加溫成型。

自由美式風

人約黃昏後

●圖源：餐巾紙　●設計者：張靖宜

美式風格有著自由主義的特質，融合多元的元素。
看似隨性肆意編排，卻不是信手拈來就能完成。
喜歡這個美女主題，呈現都市的時尚感。
美式風格的構圖在於多元種族的混合魅力，
在兼容並蓄的視野與胸襟，看似衝突卻又平衡。
如果很難理解，就看成色彩不規則塊狀的構圖，
藉由花朵圖案的陪襯創造美式的視覺。

胚體材質：塑膠編織

製作程序

1. 選定主題與搭配餐巾紙五張，手撕取圖，以燒烙技法修邊。
2. 使用簡單雙劑的第1劑打底，吹乾。
3. 圓海綿沾濕，將燒烙好的圖紙構圖定位，以濕海綿按壓編織表面使圖紙服貼，完成構圖，吹乾。
4. 上簡單雙劑第2劑固定拼貼圖紙。
5. 用乾平筆潤色。
6. 最後上細分子消光保護劑，吹乾即完成。

使用技法	How to make→Page.112、135、138

技法 3 ▶ 簡單雙劑貼法
技法 27 ▶ 修圖燒烙技法
技法 30 ▶ 漸層渲染技法

TIPS／在不平整的表面進行潤色，不適合加水渲染，盡量使用乾的平筆操作渲染。

自由美式風

風馳

●圖源：餐巾紙　●設計者：張靖宜

美式風格構圖能以彩色、黑白與古典、現代的多種元素撞擊出新的火花。

設計的重點在於玩味構圖的衝突與平衡。

美式風格在選圖時常常感覺毫無頭緒。

其實只要選好主角，配搭就可以隨性，

如同美式的穿搭一樣，突破框架反而能創造出個性。

修圖燒烙技法使選圖乾淨呈現，

再以壓克力顏料漸層渲染融合，造就完美作品。

使用技法	How to make→Page.110、135、138、152

技法 1 ▶ 二劑型貼法

技法 27 ▶ 修圖燒烙技法

技法 30 ▶ 漸層渲染技法

技法 43 ▶ 多彩鏡面刷膠技法

TIPS／多彩鏡面劑的表面保護幾乎等同於塗了二十層
的保護劑。
建議使用平筆薄塗安全帽表面，
如果在乾燥的過程中有多彩鏡面膠往下流，
就表示刷太多，請注意使用。

胚體材質：白色安全帽

製作程序

1　選定主題與搭配餐巾紙五張，手撕取圖，以
燒烙技法修邊。

2　使用191拼貼膠第1劑打底，吹乾。

3　將燒烙好的紙構圖拼貼黏在安全帽上，用離型
紙壓實，使圖紙服貼在胚體上，完成構圖。

4　上191拼貼膠第2劑吹乾後，以漸層渲染技法
融合整個圖面，接著上亮光保護劑，吹乾。

5　最後薄刷多彩鏡面保護劑，待乾即完成。

Decoupage 4

足歡

自由美式風

●圖源：餐巾紙 ●設計者：張靖宜

雨鞋的構圖設計受混搭風格的影響。
混搭風格是一種變化多端，新穎又獨特的年輕時尚。
詮釋不同的個性特點，任性不羈、翻轉傳統、發揮創意，
讓看似不同掛的圖案完美地混搭在一起。

混搭不等於亂搭，
須強調一個基調主題的存在，
選圖時請分清楚主角與配角，
再依喜好進行不限顏色的搭配。
唯在雨靴的混搭構圖以花葉或捲軸收尾，
顯示構圖的完整與延伸感。

使用技法	How to make→Page.111、135

技法 2 ▸ 單劑型貼法
技法 27 ▸ 修圖燒烙技法
TIPS／塑膠材質拼貼後由於可塑劑的釋出，表面會
出現回黏性。刷上奈米保護劑多層可阻隔。

胚體材質：塑膠
製作程序

1 選定主題與搭配餐巾紙五張，手撕取圖，以燒
烙技法修邊。
2 拼貼構圖，使用單劑型貼法（因為塑膠不容易
黏著，所以使用單劑型貼法）。
3 完成拼貼構圖後，上亮光保護劑，吹乾。
4 最後再上奈米保護劑三層，以防止可塑劑回
黏，吹乾即完成。

自由美式風

呦呦鹿鳴

●圖源：餐巾紙、專用紙　●設計者：張靖宜

麻布袋貼法的演進，幾乎是十年來蝶古巴特在台灣的進步史。

由餐巾紙整面貼、加蕾絲、棋格式貼法、餐巾紙整面貼加專用紙，

進階到現在的多紙材、多圖重構，融合餐巾紙、專用紙、型染與色彩應用，

更顯畫面的豐富融合與層次感。

這個構圖設計也是混搭風的思維，

運用黑色與白色融合餐巾紙、型版、專用紙成為統一基調。

在教學經驗中，學生都害怕使用黑色，其實黑與白特別重要。

因為黑與白是萬能色，可與任何色彩搭配，可作主角，也可重點綴色，

不但可凸顯主題，也可以與之融合。

胚體材質：麻布

製作程序

1. 選擇五張背景餐巾紙與專用紙搭配構圖。
2. 在專用紙上薄刷透明底劑，乾燥後細剪圖紙。
3. 手撕餐巾紙取圖，以燒烙技法修邊，利用單劑貼法，在麻布袋的正反面整面拼貼，吹乾。
4. 完成餐巾紙拼貼後，使用壓克力顏料在色塊相接處刷色，使色塊間融合。
5. 使用專用紙拼貼膠，拼貼剪好的專用圖紙，運用多圖重構及多紙材應用，完成拼貼。
6. 上亮光保護劑，乾燥後再上油性保護劑，乾燥即完成。

使用技法	How to make→Page.111、113、128、145

技法 2 ▶ 單劑型貼法

技法 4 ▶ 硬紙貼法

技法 20 ▶ 型版技法

技法 36 ▶ 多圖重構

波浪瀏海加油頭卷髮是40年代的歐洲懷舊的經典造型，
以粉紅系花團裝飾優雅與奢華並存的瑰麗，
選擇方型文字色塊的包裝紙作為與主題的對比襯底，
以藏青色作為托盤立體浮雕的底色，
輕掃出金色基調的復古質感，
顯出主題構圖的懷舊與風華。

自由美式風

曾經

●圖源：專用紙　●設計者：張靖宜

使用技法	How to make→Page.113、121、150

技法 4 ▸ 硬紙貼法

技法 12 ▸ 浮雕立體技法

技法 42 ▸ 鏡面灌膠技法

胚體材質：木質

製作程序

1. 選定文字底圖、花與懷舊人物專用紙，在專用紙上薄刷透明底劑，細剪花紙備用。

2. 原木托盤以透明底劑打底，吹乾。上兩次壓克力顏料至飽和，乾燥後砂磨至平滑，再上透明底劑隔離。

3. 將文字專用紙裁成托盤面大小，使用專用紙拼貼膠完成整面貼合。

4. 繼續使用專用紙拼貼膠拼貼構圖，將細剪好的花紙圍繞在人物圖周圍，依照腦中的構圖畫面重現時代的記憶。

5. 以海綿沾金色壓克力顏料在托盤邊緣刷色。

6. 上亮光保護劑三層，吹乾。

7. 最後在拼貼的托盤面上實施鏡面灌膠，乾燥即完成。

鄉村風

雲想衣裳

●圖源：專用紙　　●設計者：張靖宜

玻璃素材的透明感可以看到更明亮的作品呈現。

浪漫粉彩的花卉圖案，

很有美式田園風格清婉悠閒的氛圍。

以藍綠白呈現龜殼裂紋，作為構圖的背景連結，

再刷上一抹金黃，

淡雅之外，清秀華麗的溫度油然而生。

| 使用技法 | How to make→Page.113、114、119 |

技法 4 ▸ 硬紙貼法

技法 5 ▸ 棉紙貼法

技法 10 ▸ 玻璃裂紋

胚體材質：玻璃

製作程序

1. 在玻璃背面操作，使用透明底劑打底，吹乾。

2. 在選好的專用紙上薄刷透明底劑，乾燥後細剪圖紙。使用專用紙拼貼膠完成構圖拼貼，並在圖紙間局部刷上金色壓克力顏料，吹乾。

3. 刷上簡單裂劑1，吹乾。另外以3：1的比例調和簡單裂劑2與藍、白顏料，使用海綿沾取調和劑，拍在已乾的簡單裂劑1上，即產生龜殼裂紋。海綿拍白色、銀色顏料覆蓋玻璃，顏料乾燥後上透明底劑隔離。

4. 使用海綿拍銀色顏料美背，顏料乾後上亮光保護劑，吹乾。

5. 最後上多彩鏡面保護劑，乾燥後即完成。

孔雀是最善良、聰明、和平的鳥，

是幸福吉祥的象徵，是鳳凰美麗的化身。

選擇優美華麗的孔雀作主角，

應用3D立體技法作出美麗裙襬，

自然綠意為底，形成前後。

「膩如玉指塗脂粉」的木蘭花象徵高尚靈魂，很適合與孔雀同框，

作成3D立體演出豐富的層次。

整個畫面構圖主次背景分明，賞心悅目，自顯高貴。

Decoupage **8**

鄉村風

爭妍

●圖源：餐巾紙　●設計者：張靖宜

使用技法	How to make→Page.110、111、129

技法 1　▶ 二劑型貼法
技法 2　▶ 單劑型貼法
技法 21 ▶ 3D 立體技法
TIPS／貼鑽技法使用萬用底劑拼貼膠貼著。

胚體材質：木質、玻璃

製作程序

1 選擇孔雀與木蘭圖案製作3D立體，需要餐巾紙一式四份，背景餐巾紙一張。

2 木框及底板先上透明底劑打底，吹乾。上兩層壓克力顏料至飽和，乾燥後砂磨至平滑，上亮光保護劑三層，吹乾。

3 粗略剪下餐巾紙上的孔雀及木蘭圖案，以二劑型貼法貼在水晶紙上，在水晶紙背面上白色底劑（讓圖顯色），乾燥後細剪孔雀與木蘭圖紙後，以珠筆在水晶紙背面畫圈使圖微彎立體。

4 背景餐巾紙以單劑型貼法貼於整面底板，吹乾。

5 四層孔雀紙以泡綿膠帶黏合，層層往上堆疊呈現3D效果，木蘭花也以相同方法作成3D效果，再使用泡綿膠帶依構圖黏合於底板上。

6 取施華洛圓鑽，以萬用底劑拼貼膠黏貼在孔雀的羽毛上使更顯華貴。

7 組裝玻璃木框，完成作品。

落英繽紛

鄉村風

● 圖源：餐巾紙　● 設計者：張靖宜

這盆花圖來自餐巾紙的1/4圖，
手工編織的籐籃、樸實單純的直紋線條，
呈現優雅脫俗的英式鄉村風格。
單純演出木蘭花3D立體姿態的妖嬌，
宛若姑娘般的清新脫俗。

使用技法	How to make→Page.110、111、129

技法 1 ▸ 二劑型貼法
技法 2 ▸ 單劑型貼法
技法 21 ▸ 3D 立體技法

胚體材質：木質、玻璃

製作程序

1 選定要作成3D立體的主題花盆餐巾紙一式四份，以及背景餐巾紙一張。

2 木框及底板先上透明底劑打底，吹乾。上兩層壓克力顏料至飽和，乾燥後砂磨至平滑，上亮光保護劑三層，吹乾。

3 粗剪主題花盆餐巾紙圖四份，使用二劑型貼法貼在水晶紙上，在水晶紙背面上白色底劑（讓圖顯色），乾燥後細剪圖樣，以珠筆在水晶紙背面畫圈使圖微彎立體。

4 將背景餐巾紙以單劑貼法貼於整面底板。

5 四層盆花圖紙以泡綿膠帶黏合，層層往上堆疊成3D效果，再以泡綿膠帶黏合於底板上。

6 組裝玻璃隔熱墊，完成作品。

鄉 村 風

隔葉黃鸝

●圖源：專用紙　●設計者：張靖宜　●收藏者：林怡慧

天然木紋的材質容易讓人聯想到鄉村風，

栃木條的構想來自普羅旺斯的田園印象，

大膽運用粉、黃、綠、藍等色彩及洗白的手法，

將色彩磨舊處理成有點陳鏽的視覺，

記得要顯出一些天然木紋效果會更好。

鄉村風講求實用性與生活休閒，

拼貼簡單的花鳥，極有畫龍點睛之效，

提昇長條椅樸質生動的藝術感。

使用技法　How to make→Page.113、146

技法 4 ▸ 硬紙貼法
技法 38▸ 栃木條技法

胚體材質：木質
製作程序

1 選定花鳥圖專用紙，在專用紙上薄刷透明底劑，乾燥
後細剪備用。

2 長條木椅上以透明底劑打底，吹乾。椅面白色、椅背
椅腳深藍色，各上一層壓克力顏料，乾燥後砂磨表面
至平滑，透出些許木紋痕。

3 使用鉛筆在椅面上畫出木條區塊，上壓克力顏料，乾燥
後砂磨至平滑，出現些許木紋痕。以細丸筆取咖啡色繪
出粗細不等的木條邊線，並加強局部角落的斑駁感。

4 以乾刷筆沾取白色、咖啡色顏料刷舊。整張長椅上透
明底劑隔離，吹乾。

5 使用專用紙拼貼膠拼貼剪好的花鳥圖紙，完成構圖。

6 上亮光保護劑三層，乾燥後再上油性保護劑，乾燥即
完成。

鄉村風

歲月靜好

●圖源：專用紙　●設計者：張靖宜　●收藏者：胡舜英

使用技法	How to make→Page.113、128

技法 4　▸ 硬紙貼法
技法 20▸ 型版技法
TIPS／蕾絲紙技法請參考型版技法操作。

胚體材質：木質

製作程序

1　選擇專用紙圖樣時先初步構圖，在專用紙上薄刷透明底劑，乾燥後細剪圖紙。

2　置物櫃的裡外皆上透明底劑打底，吹乾。上兩層藍綠色壓克力顏料至飽和，乾燥後砂磨表面至平滑，上透明底劑隔離，吹乾。

3　取長方形蕾絲紙，四面都型染出黑色蕾絲邊框。藍綠色部分也運用型染技法製作背景之後，上透明底劑隔離，吹乾。

4　使用專用紙拼貼膠，拼貼剪好的主題圖紙與花紙，完成構圖。

5　最後上三層亮光保護劑，乾燥即完成。

個人極喜歡色筆手繪感的畫風，
主題來自園藝野餐的鄉村風月曆紙，
它原是不規則方格式的組合畫，在解構重組後，
陪襯跳色的白玫瑰作為次角，增加構圖的豐富性。
蕾絲紙型染作為框邊的變化，
與深淺有致的型染圖騰，
一起完美詮釋了婉約細緻的特質，
為木質鄉村風的厚實樸拙加添溫柔。

鄉村風

壺思亂想

●圖源：月曆紙　●設計者：張靖宜

這是一個置放茶包、咖啡包的茶壺木器，
構圖的概念來自想像一個下午茶的悠閒與美好，
綿密的咖啡拿鐵奶泡滿滿，甜香四溢，悠閒滿足。

關於咖啡，
有人會聯想到愛情的苦澀酸甜，
有人會與音樂連結，濃淡的滋味與音符的流動同樣迷人。
而咖啡之於我，則是「純粹有溫度的幸福感」。

胚體材質：木質

製作程序

1. 選用咖啡系列的圖紙時先初步構圖，在專用紙上薄刷透明底劑，乾燥備用。

2. 木壺裡外皆以透明底劑打底，吹乾。上兩層壓克力顏料至飽和，乾燥後砂磨表面至平滑，上透明底劑隔離，吹乾。

3. 木壺兩側以二齒筆繪出垂直的平行線，再以乾刷筆沾白色顏料乾刷，上透明底劑隔離，吹乾。

4. 前後兩面皆以專用紙拼貼膠貼背景專用紙。

5. 將輕黏土擀成約2mm厚，在輕黏土上薄塗專用紙拼貼膠，將粗剪的咖啡系圖紙放在輕黏土上，以手壓平，然後細剪圖紙。

6. 在細剪好的立體圖紙背面刷專用紙拼貼膠，拼貼在木壺上，完成構圖。

7. 取乾海綿沾金色顏料輕刷木壺邊緣。

8. 最後上三層亮光保護劑，乾燥即完成。

使用技法　How to make→Page.113、130、133

技法 4 ▶ 硬紙貼法
技法 22 ▶ 黏土立體技法
技法 25 ▶ 平行線條技法

鄉村風

青雲有路

●圖源：專用紙　●設計者：張靖宜　●收藏者：林怡慧

使用技法　How to make→Page.113、128

技法 4　▸ 硬紙貼法
技法 20 ▸ 型版技法

胚體材質：木質

製作程序

1　選用文具手繪系列的圖紙時先初步構圖，在專用紙上薄刷透明底劑，乾燥後細剪專用紙圖樣。

2　整張梯椅以透明底劑打底，吹乾。上兩層壓克力顏料至飽和，乾燥後砂磨表面至平滑。

3　以乾刷筆沾取白色顏料乾刷，然後上透明底劑隔離，吹乾。

4　取細剪好的圖紙編排構圖，以專用紙拼貼膠黏合，完成拼貼（梯椅有很多面，要注意避免反面構圖）。

5　完成拼貼後，在空白處型染文字圖騰。

6　圓海綿沾紅、金色顏料刷邊，上透明底劑隔離，吹乾。

7　最後上三層亮光保護劑，乾燥後再上一層油性保護劑，乾燥即完成。

顧名思義，「梯椅」是椅子也是梯子。

功能性與實用性兼具，

選擇童趣的手繪文具字母圖案，

紅色基調、活潑的色彩變化，

輔以文字型染增加畫面融合的生動與故事性。

選擇黑色底色與紅色基調的拼貼圖案搭配，

整個作品童趣而不失沉穩，

青春可愛又充滿純真想像。

鄉村風

人家

●圖源：專用紙　●設計者：張靖宜

美國繪光畫家湯馬斯‧金凱德（Thomas Kinkade）的畫作

充滿田園浪漫溫馨與家園寧靜的氛圍，

湯馬斯的畫表現的是愛與光，

他說：「愛是全世界最明亮的光！」

選用湯馬斯同系列的月曆畫作，

運用接圖重置與補繪的技法，

將三張月曆紙重新組構成一幅完整的畫面。

應用補繪呈現不改變原作畫風的新作品。

與大師共舞，呈現具體的視覺美感經驗。

使用技法	How to make→Page.113、139、140、141、118

技法 4 ▸ 硬紙貼法／技法 31 ▸ 雲彩技法
技法 32 ▸ 硬紙接圖技法／技法 33 ▸ 補繪技法／技法 9 ▸ 夾心裂紋
TIPS／裂紋技法利用海綿拍出龜殼裂，使用大平筆可以裂出平行且較規則的木紋裂痕。

胚體材質 ： 木質
製作程序
1 選同系列的風景圖專用紙三張，同時先初步構圖。在專用紙上薄刷透明底劑，乾燥備用。
2 木框及底板上以透明底劑打底，吹乾。上一層金色壓克力顏料至飽和，乾燥後砂磨至表面
　平滑，上透明底劑隔離，吹乾。
3 木框上簡單裂劑1，吹乾。以3：1比例調和簡單裂劑2與白色顏料，使用大平筆沾取調合劑
　輕刷木框，即出現裂紋，吹乾，再上三層亮光保護劑，吹乾。
4 底板單面刷白色顏料至飽和，乾燥後砂磨至平滑，薄刷透明底劑，吹乾。在底板的上半部
　（面積約占底板的1/2）刷上水、顏料，敷上保鮮膜，左右移動拉出雲彩的天空。底板下半
　部同上述，以保鮮膜左右移動，拉出藍綠水波。
5 將專用紙構圖相接，在紙張重疊處貼上紙膠帶固定。使用花邊剪刀，先剪去天空部分再修
　剪下緣，接著由兩張紙的重疊處剪開。
6 將裁好的專用紙相接，不要有空隙，並以專用紙拼貼膠黏貼好。使用補繪的技巧，使畫面
　色彩連結一致，並增加對比的層次，使畫面融合而不改原貌。重置後即成新的畫面。

混搭時尚風

向陽

●圖源：餐巾紙　●設計者：張靖宜

斑馬紋與向日葵的搭配就是不相干的混搭風，
但混搭不是亂搭，而是要有同一基調的主題存在，
才能體現混搭風格的新穎與獨特。
「黑色」在畫面中就是一個主題基調的存在，
加上大範圍的浮雕立體使背景產生視覺上的流動感。
整個作品流露與眾不同的現代感，
主次配合相得益彰，形成大器的牆面裝飾藝術。

胚體材質：木質

製作程序

1. 選擇1/4餐巾紙四張時，先初步構圖。
2. 大小木質底板都先上透明底劑打底，吹乾。以海綿拍白色增厚打底劑，吹乾。
3. 將增厚打底劑倒在大木質底板上，戴手套，以手指畫出流暢紋路，待乾。
4. 大底板上以海綿拍黑色顏料至飽和，乾燥後上細分子消光保護劑，待乾後，以乾海綿薄沾銀色顏料，以旋轉的方式輕刷出如浮雕的立體紋路。
5. 四個小底板背面與側邊皆以海綿拍黑色顏料至飽和，乾燥後上細分子消光保護劑，吹乾。正面不均勻地塗凹凸立體劑，待乾後以單劑貼法貼上準備好的餐巾紙，上亮光保護劑，吹乾。
6. 將四個小底板對準大木質底板中央，使用白膠黏上固定。

使用技法　　How to make→Page.111、121

技法 2 ▸ 單劑型貼法
技法 12 ▸ 浮雕立體技法

Decoupage **16** ✦

如是我觀

混搭時尚風

● 圖源：餐巾紙　● 設計者：張靖宜

當代藝術就是形式的視覺表達，
浮誇、媚俗、抽像、挪移與拼貼都是。
這個浮面框的圖，看出來是眼睛，
但我說「這不是眼睛」，
有「看山不是山，看水不是水」的現代視覺藝術思維。
這就是當代藝術的形式之一。

使用技法	How to make→Page.111、121

技法 2 ▶ 單劑型貼法
技法 12▶ 浮雕立體技法

胚體材質：木質
製作程序

1. 選擇1/4餐巾紙一張。
2. 大小木質底板都先上透明底劑打底，乾燥後以海綿拍白色增厚打底劑，吹乾。
3. 將增厚打底劑倒在大木質底板上，戴手套，以手指畫出流暢紋路，待乾。正面、側面皆以海綿拍黑色顏料至飽和，乾燥後上細分子消光保護劑，吹乾。以乾海綿薄沾銀色顏料，以旋轉的方式乾刷出如浮雕的立體紋路。
4. 小底板背面與側邊皆拍上黑色顏料，乾燥後上細分子消光保護劑。正面不均勻地塗凹凸立體劑，待乾後以單劑貼法貼上準備好的餐巾紙，上亮光保護劑，吹乾。
5. 將小底板對準大木質底板中央，以白膠黏上固定。

混搭時尚風

● 圖源：餐巾紙　● 設計者：張靖宜

似水流年

個人非常喜歡奧地利畫家佛登斯列‧漢德瓦薩
（Hundertwasser）的抽象作品，
主題構圖常是線條、鮮明的色彩、有機結構等，
有著對人性主義的關懷與和平的嚮往。
使用刮板作出線條浮雕的立體紋路，
與漢德瓦薩以線條為主的畫作產生重疊的效果。
以金色輕刷出浮雕效果，
抽象化的多層次線條好似自然的和諧、生命的流轉。

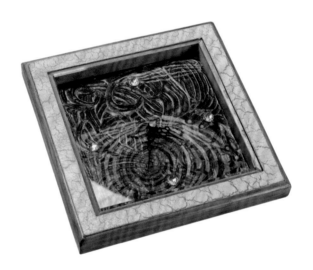

使用技法	How to make→Page.111、121

技法 2 ▶ 單劑型貼法
技法 12▶ 浮雕立體技法
胚體材質：木質、玻璃
製作程序

1️⃣ 選1/4張餐巾紙備用。

2️⃣ 木框、底板上透明底劑打底，吹乾。木框上金色顏料兩層，乾燥後砂磨至平滑，薄塗透明底劑隔離，吹乾。

3️⃣ 金色木框上簡單裂劑1，吹乾。以3：1比例調和簡單裂劑2與米色顏料至可流動的濃度。以乾海綿沾取調合劑，很快地均勻拍色在木框表面即呈現裂紋，乾燥後上三層亮光保護劑，吹乾。

4️⃣ 底板上白色顏料兩層，乾燥後砂磨至平滑，薄塗透明底劑隔離，吹乾。倒入少許增厚打底劑，以三角刮板刮出流暢紋路，待乾。

5️⃣ 使用單劑型貼法將餐巾紙黏貼於底板上，吹乾。以圓海綿薄沾金色顏料，輕刷出如浮雕的金色線條。

6️⃣ 底板上使用萬用底劑拼貼膠黏施華洛水晶，裝上機心即組裝完成。

混搭時尚風

光之丘

● 圖源：專用紙　● 設計者：張靖宜

燈罩的設計概念來自抽象藝術，

將藝術的元素進行抽象式組合，

藉由拼貼、裂紋、刮線及微立體效果與鑲嵌線條創造出連成一氣的構圖，

突破可辨識形象的藩籬，

透過顏色變化與主觀方式來表達抽象式的想像。

使用技法	How to make→Page.113、118、124、125

技法 4　▶ 硬紙貼法

技法 9　▶ 夾心裂紋

技法 15 ▶ 線條刮板技法

技法 16 ▶ 轉筆立體技法

技法 17 ▶ 鑲嵌技法

胚體材質：布質燈罩、木質燈座

製作程序

1 選擇抽象圖騰專用紙，在專用紙上薄刷透明底劑，乾燥後剪出所需圖騰並預先構圖。

2 燈罩、燈座上透明底劑打底，待乾後在燈罩上金色顏料兩層，乾燥後砂磨至平滑，薄塗透明底劑隔離，吹乾。

3 燈座上黑色顏料兩層至飽和，乾燥後砂磨至平滑，薄塗透明底劑隔離，吹乾。燈座塗上珍珠劑與金色顏料，以三角刮板刮出直線或曲線，乾燥後上亮光保護劑三層，吹乾。

4 利用圓規在燈罩上畫出三個不完整、大小不等的圓，以鉛筆畫出預留貼上圖紙的位置，再用鉛筆連結圓形畫出大小不等區塊。

5 這些大小區塊分別作出夾心裂紋、線條刮板、轉筆立體的技法變化，然後薄上透明底劑隔離，吹乾。

6 以專用紙拼貼膠將裁減好的抽象圖紙拼貼在預留好的區塊，上亮光保護劑三層，乾燥即完成。

Decoupage **19**

混搭時尚風

風華再現

● 圖源：型染版　● 設計者：張靖宜

此多功能木箱可以當作座椅或收納箱，
五個面應用型染技法呈現不同的圖樣，
使用霧面的仿舊刷色製造隨意的懷舊調性，
不管將木箱作何用途，
視覺上都給人煥然一新的感覺。

使用技法　How to make→Page.128、134

技法 20 ▶ 型版技法

技法 26 ▶ 乾刷仿舊技法

胚體材質：木質

製作程序

1. 在木箱裡外上透明底劑打底，吹乾。

2. 上兩層壓克力顏料至飽和，乾燥後砂磨至平滑，並使稍透出木紋痕，上透明底劑隔離，吹乾。

3. 使用型染版型染出黑白各式的文字圖騰，再以乾刷筆沾白色顏料刷舊，凸顯簡單仿舊的調性。

4. 最後上三層亮光保護劑，乾燥即完成。

混搭時尚風

情有獨「鐘」

●圖源：餐巾紙　　●設計者：張靖宜　　●收藏者：楊睿其

工業風講述的是時代的故事，
主要是創造金屬的簡潔冷調與自由復古的感覺。
蝶古巴特以紙為素材，
為了創造工業風的氛圍選擇黑白灰色系的機械鐘等圖騰，
搭配焦糖紅色系，燒烙煙燻出陳舊感，
舒緩黑白金屬的冰冷，粗獷但不失溫暖。

胚體材質：玻璃

製作程序

1. 選圖時先預想工業風的構圖，以黑白金屬調為
   考量，選用三張餐巾紙。
2. 以海綿拍增厚打底劑打底，待乾。手撕取圖，
   以燒烙技法修邊。
3. 使用單劑貼法，構圖拼貼餐巾紙。乾燥後砂磨
   至平滑。
4. 上亮光保護劑三層，待乾後實施鏡面灌膠，乾
   燥即完成。

使用技法	How to make→Page.111、135

技法 2 ▸ 單劑型貼法
技法 27 ▸ 修圖燒烙技法

混搭時尚風

心的方向

●圖源：專用紙　●設計者：張靖宜　●收藏者：卓雅真

當代藝術的混搭風格有很多重置與挪移的應用。

主題、次主題與背景的配搭是構圖的重點。

選擇同為水彩畫風的圖紙與同一基調的紅，

進行有層次的融合，凸顯主題，

與背景各自美麗，表現繽紛的時尚感是構圖技巧的一絕。

胚體材質：行李箱

製作程序

1 選圖時找出主題人物與主題混搭的專用紙，在專用紙上薄刷透明底劑，待乾後細剪人物與花。

2 以海綿拍增厚打底劑打底，待乾。手撕取圖不修邊，以專用紙拼貼膠拼貼好整面混搭風格的背景專用紙。接著以壓克力顏料進行畫面顏色的融合，乾燥後上透明底劑隔離，吹乾。

3 以專用紙拼貼膠貼上主題人物，再搭配花朵專用紙完成畫面拼貼。

4 上亮光保護劑三層，待乾後再上油性保護劑兩層，乾燥即完成。

使用技法　How to make→Page.113、128、145、152

技法 4 ▸ 硬紙貼法

技法 20 ▸ 型版技法

技法 37 ▸ 多紙材應用技法

技法 43 ▸ 多彩鏡面刷膠技法

時光寶貝

古典仿舊風

● 圖源：餐巾紙
● 設計者：張靖宜

這個百寶盒能夠創作蝶古巴特的面積不大，
選定我喜歡的復古風女孩作為主題，
就預設了歐式古典的風格。
以古典立體的技法表現洛可可唯美浮華的細節元素，
作出復古優雅及浪漫的義大利情懷，
磨舊處理後以金色薄刷出低調奢華的歷史感，
融合作品的完整性，
與現代歐式的簡約完全不同。

使用技法	How to make→Page.111、122、134

技法 2 ▶ 單劑型貼法
技法 13 ▶ 古典立體技法
技法 26 ▶ 乾刷仿舊技法

胚體材質：木質
製作程序

1 選復古女孩餐巾紙，試圖展現歲月痕跡與古典感。

2 胚體裡外上透明底劑打底，待乾後上一層藍色顏料至飽和（盒蓋上米白色），乾燥後砂磨至平滑，並使稍透出木紋。

3 預留貼圖的位置，在盒蓋與四個側邊厚塗凹凸立體劑，把型版放在立體劑上，以手指按壓擠出型版的圖形後，將型版輕輕拿起，待乾後砂磨立體紋路至圓滑。

4 經由藍綠色、紫色、藍色、金色等的刷色表現歲月更迭的氛圍，並以乾海綿沾金色輕刷出浮雕圖騰。要重複刷色多次，展現有如流金歲月的氛圍。

5 以單劑貼法黏貼女孩餐巾紙，貼在盒蓋的預留處。整個胚體上透明底劑隔離，吹乾。

6 最後上細分子消光保護劑，乾燥即完成。

Decoupage **23** ⟶ ✦

古典仿舊風

鏡花水月

●圖源：型染版　●設計者：張靖宜

印象中美式風格帶有自由、多元的特質，
但我認為美國人喜歡復古，強調歷史感的傳承。
擁有一件祖母留下的舊家具，常會放在醒目的位置，
因為這對他們來說是一種文化底蘊和驕傲。
這個復古鏡，利用圖騰花紋的立體型版及脫蠟作舊，
處理出斑駁與年歲的痕跡，同時又不失典雅，
呈現美式古典家飾的氛圍。

使用技法	How to make→Page.123、147、134

技法 14 ▶ 立體型版
技法 39 ▶ 脫蠟技法
技法 26 ▶ 乾刷仿舊技法

胚體材質：木質
製作程序

1　胚體上透明底劑打底，待乾後上一層氧化黃顏料至飽和，乾燥後砂磨至平滑，
　　並使透出木紋，再上透明底劑隔離，吹乾。

2　以刮刀和凹凸立體劑作古典立體型版，待乾後砂磨立體紋路至圓滑。

3　在鏡子的外圍厚塗白蠟，再上一層灰藍色顏料，乾燥後以砂紙磨出泛黃的脫蠟效
　　果，再以乾刷筆沾白色顏料乾刷。

4　以圓海綿沾金色薄刷出型染的立體紋路。

5　以圓海綿沾咖啡色，乾刷胚體邊緣，製造陳舊效果。

6　整個胚體上細分子消光保護劑，乾燥即完成。

古典仿舊風

案上風光

●圖源：黑白印花紙、專用紙　●設計者：張靖宜

繁複的花葉圖案配搭金色、咖啡色的貴氣仿石裂紋，
沉穩不失秀麗，典雅坐擁風華，頗具古典東方的魅力。
流暢的剪紙練習很重要，能使繁華縝密的花葉圓潤生動。
而剪工不好所產生的直線與鋸齒感，
會使花葉紙圖呆滯凌亂，不貼也罷。
蝶古巴特的主要素材是紙張，
質優的剪刀與伶俐的剪工同等重要，
畢竟「工欲善其事，必先利其器」啊！

使用技法	How to make→Page.113、143、149

技法 4 ▸ 硬紙貼法
技法 35 ▸ 大理石紋技法
技法 41 ▸ 天然海綿技法

胚體材質：木質

製作程序

1. 選擇古典花專用紙，與黑白印花邊條專用紙，在專用紙上薄刷透明底劑，待乾後細剪圖紙。

2. 胚體裡外上透明底劑打底，待乾後胚體裡外再上兩層咖啡紅顏料至飽和，乾燥後砂磨至平滑。椅腳兩邊以紙膠帶隔出中間構圖區，構圖區上米黃色，使用天然海綿技法上色。胚體外側咖啡紅的部分，使用大理石紋技法，乾燥後上透明底劑隔離，吹乾。

3. 蓋板上兩層米黃色顏料至飽和，乾燥後砂磨至平滑，以兩條紙膠帶隔出中間構圖區，使用天然海綿技法上色。兩端區塊上咖啡紅顏料，使用大理石紋技法，乾燥後上透明底劑，吹乾。

4. 取細剪好的專用紙圖樣，以專用紙拼貼膠依構圖拼貼，並貼上黑白印花邊條。

5. 最後上三層亮光保護劑，待乾後再上一層油性保護劑，乾燥即完成。

Decoupage 25

現世安穩

古典仿舊風

● 圖源：月曆紙、黑白印花紙　● 設計者：張靖宜　● 收藏者：程良仙

選用早期孔雀椅款，舊物新作的概念。
利用雙底色表現活潑，跳脫古早的印象，
對應式的雲彩刷色背景產生流動感，與花鳥圖相容成景，
與黑白印花的邊條圖案相配，簡單、貴氣、優雅。

使用技法	How to make → Page.113、139

技法 4 ▶ 硬紙貼法
技法 31▶ 雲彩技法

胚體材質：木質
製作程序

1. 選用黑白印花專用紙、花鳥專用紙，選圖時先初步構圖。在專用紙上薄刷透明底劑，待乾後細剪圖樣。

2. 椅子上透明底劑打底，待乾後椅背T型部位上淺藍色，其他部位則上綠色顏料兩層至飽和，乾燥後砂磨至平滑。椅面及椅背作漸層雲彩效果，乾燥後上透明底劑隔離，吹乾。

3. 取細剪好的專用紙圖樣，以專用紙拼貼膠先貼黑白印花邊條，再依構圖完成椅面拼貼。

4. 最後上三層亮光保護劑，待乾後再上一層油性保護劑，乾燥即完成。

Decoupage *26* →

古典仿舊風

鶴立東方

●圖源：專用紙、包裝紙　●設計者：張靖宜

「滿盆火鶴非霞影，曼舞輕歌躍起來。

展翅思謀驅霧散，追雲尋夢拔雲開。」

這樣的詩句形容火鶴花的豔麗優美，

如即將展翅高飛的鶴鳥，宏圖大展。

構圖設計取火鶴花語的熱情洋溢，富麗大氣，

搭配草書文字的柔美線條，帶有古典中國風的時尚感。

使用技法	How to make→Page.113、121

技法 4 ▶ 硬紙貼法

技法 12 ▶ 浮雕立體技法

胚體材質：木質

製作程序

1. 選用草書專用紙、火鶴專用紙，選圖時先初步構圖。在專用紙上薄刷透明底劑，待乾後細剪火鶴圖樣。

2. 置物桶與桶蓋上透明底劑打底，待乾後上咖啡色顏料兩層至飽和，乾燥後砂磨至平滑，上透明底劑隔離，吹乾。

3. 置物桶下緣上增厚打底劑，作出不規則立體效果，待乾。以咖啡色為主，黃、白色為輔，使用大平筆刷出色彩漸層的效果，乾燥後上透明底劑隔離，吹乾。

4. 裁剪草書專用紙，以專用紙拼貼膠貼滿桶蓋。

5. 取細剪好的火鶴圖樣，依構圖以專用紙拼貼膠進行拼貼。

6. 最後上三層亮光保護劑，待乾後再上一層油性保護劑，乾燥即完成。

飛天

古典仿舊風

● 圖源：複製畫（中國油畫家・曾浩）● 設計者：張靖宜

將曾浩的飛天女無框複製畫，
應用補繪的技法重置，使色彩更顯生動有層次。
以微立體的框邊連結主圖視為延伸，
與畫作合而為一，加大氣場。
若使立體框邊與畫作呈高低落差而使主圖低陷，
則作品會顯得小氣而突兀。
敦煌飛天在藝術形象上是印度佛教天人與中國道教羽人融合為一。
具有中國文化特色的飛天，不長翅膀不生羽毛。
主要憑藉飄逸的衣裙，飛舞的彩帶凌空翱翔。
中國油畫家曾浩使用西方油畫技法，結合中國傳統文化，
在古典神韻中滲透了現代美，
在人物創作中提煉出聖潔、高貴、善良的天性，
把敦煌飛天的神祕空靈表達得優美深邃。

使用技法	How to make→Page.122、141、147、153、134

技法 13 ▸ 古典立體技法／技法 33 ▸ 補繪技法
技法 39 ▸ 脫蠟技法／技法 44 ▸ 珍珠貝殼面技法
技法 26 ▸ 乾刷仿舊技法

胚體材質：畫布、木質框
製作程序

1. 畫布上細分子消光保護劑打底，待乾後以刮刀將凹凸立體劑塗在複製畫的四周，待乾。使用壓克力顏料上色，使畫面背景色調融合一致。
2. 以#2平筆補繪，增加色彩的對比與清晰度，但不改變原作的神態與精神。畫面固有的顏色皆可補繪，不採工筆技法，而是注重色彩融合。
3. 在畫面四周妝點金色與珍珠色系，表現飛天的空靈與高貴。
4. 以手指薄擦3D琉璃立體劑作為保護，再以3D琉璃立體劑局部加強，作出不規則的透明立體，呈現似顏料堆疊的透明質感。
5. 畫框上透明底劑打底，待乾後上兩層咖啡色顏料至飽和，乾燥後砂磨至表面平滑，再以乾刷筆沾黑、金色顏料乾刷，上透明底劑隔離，吹乾。
6. 畫框上三層亮光保護劑，乾燥後組裝即完成。

古典仿舊風

心心相錫

●圖源：型染版、專用紙　●設計者：張靖宜　●收藏者：楊珮存

錫雕是中國傳統的雕塑工藝，

有三百年的發展史，由於做工精細多有貴族珍藏。

蝶古巴特仿錫雕主要呈現的是錫浮雕的質感，

包覆立體型版壓出仿錫雕凸版的圖騰或文字。

作出錫雕氧化後反黑，

銀色仿錫表現低調的貴族氣息，

與木質菱格相襯，溫柔又復古。

| 使用技法 | How to make→Page.113、123、126、148 |

技法 4 　▶ 硬紙貼法／技法 14 ▶ 立體型版
技法 18 ▶ 錫雕技法／技法 40 ▶ 三色菱格紋

胚體材質：木質

製作程序

1. 使用木染技法上色，將顏料與透明底劑調和，戴手套拿不織布沾色，順著木紋擦拭上色，乾燥後砂磨至平滑。

2. 盒蓋正面再次均勻上色至飽和（第1色），乾燥後以紙膠帶貼出菱格拍色（第2色），依序撕下紙膠帶置旁備用。

3. 將備用的紙膠帶重疊貼於第2色菱格紋上，拍色（第3色）。撕下紙膠帶，上透明底劑隔離，吹乾。

4. 取錫箔紙輕輕抓皺，霧面朝外，以專用紙拼貼膠黏貼於珠寶盒身側邊。以砂紙磨掉多餘的錫箔紙。

5. 使用凹凸立體劑和刮刀操作，在波浪木片上做立體型版，待乾。取一張比木片大的錫箔紙，霧面朝上，輕放在已刷專用紙拼貼膠的木片上，以指腹由木片中心往外壓出清楚的立體紋路，多餘的錫箔紙藏於木片後方。

6. 錫箔紙面以不織布沾銀、黑、咖啡色，薄塗推色，作出仿舊感。

7. 波浪板上的立體紋路以布擦出亮感，更顯立體。

8. 將波浪板對準盒蓋中央，以專用紙拼貼膠黏合，最後上細分子消光保護劑，乾燥即完成。

黑板手繪風

花樣年華

● 圖源：月曆紙 　 ● 設計者：張靖宜

雲彩刷色與型染表現風吹花飄的流動感，
加上大眼女孩與小鳥對望的萌樣，使畫面活靈活現。
支架及托盤側邊的乾刷技法製造出復古仿舊，
多了一分沉穩的時光感，
與畫面中女孩所穿的中國旗袍相互呼應。

胚體材質：木質

製作程序

1. 選紙時初步構想有一位萌樣的旗袍女孩和隨風飄動的花鳥。選定圖紙後，在專用紙上薄刷透明底劑，待乾後細剪圖紙備用。

2. 托盤桌架上透明底劑打底，待乾後在拖盤面上兩層藍綠色顏料至飽和，乾燥後砂磨至平滑。

3. 托盤側邊與腳架，上一層咖啡色顏料至飽和，乾燥後砂磨至表面平滑，並稍透出木紋，以乾刷筆沾白色顏料乾刷，整個胚體上透明底劑隔離，吹乾。

4. 以大平筆取藍綠與白色在拖盤面作漸層色背景，搭配花葉的型染，乾燥後上透明底劑隔離，吹乾。

5. 取細剪好的專用紙編排構圖，以專用紙拼貼膠依構圖完成拼貼。

6. 最後上三層亮光保護劑，待乾後再上一層油性保護劑，乾燥後組裝即完成。

使用技法　How to make→Page.113、128、139、134

技法 4　▸ 硬紙貼法
技法 20 ▸ 型版技法
技法 31 ▸ 雲彩技法
技法 26 ▸ 乾刷仿舊技法

圓滿一生

黑板手繪風

● 圖源：專用紙

● 設計者：張靖宜

● 收藏者：蔡依璇

情定終身的祝福，永遠愛的誓言。
選擇脫蠟與黑板風混搭是希望真愛永恆，
在過去、現在、未來，
都保有學生時代的青春與勇敢，
純真與浪漫，真愛一生。
手繪自由塗鴉揮灑，畫出日月交輝的光亮。

| 使用技法 | How to make→Page.113、147、142 |

技法 4 ▶ 硬紙貼法

技法 39 ▶ 脫蠟技法

技法 34 ▶ 黑板風底色技法

胚體材質：木質

製作程序

1. 訂婚用的墊腳椅，誓約與祝福是選紙時的初步構想。選定圖紙後，在專用紙上薄刷透明底劑，待乾後細剪圖紙。

2. 椅面與椅腳上透明底劑打底，待乾後上一層紅色顏料至飽和，乾燥後砂磨至表面平滑，上透明底劑隔離，吹乾。

3. 塗白蠟在椅面的外圍，再上一層綠色顏料，待乾後以砂紙磨出紅色的脫蠟效果，上透明底劑隔離，吹乾。

4. 取細剪好的專用紙編排構圖，以專用紙拼貼膠依構圖完成拼貼。拿油性蠟筆手繪符號、圖騰，增加畫面的生動感。上透明底劑隔離，吹乾。

5. 最後上三層亮光保護劑，待乾後再上一層油性保護劑，乾燥即完成。

手繪風

意繪

●圖源：手繪　●設計者：張靖宜

就算有萬種餐巾紙還是想要更獨特的紙，

怎麼辦？

你可以自己動手畫。

想畫什麼都可以，如果不知道如何下手，

那麼建議你，幾何圖騰最容易，

隨意的點、線、幾何圖形與色彩，就能自創手繪餐巾紙，

不僅實現你的想像，而且必能創造唯一。

使用技法	How to make→Page.111、156

技法 2 ▸ 單劑型貼法

技法 47 ▸ 自製手繪餐巾紙

胚體材質：木質

製作程序

① 自製手繪餐巾紙時先初步構圖。手撕取圖，不修邊。

② 面紙盒先上透明底劑打底，待乾後上兩層白色壓克力顏料至飽和，乾燥後砂磨至平滑，上下緣刷上淺綠與白色漸層。顏料乾燥後上透明底劑隔離，吹乾。

③ 使用萬用底劑拼貼膠，以單劑貼法，完成自製餐巾紙構圖拼貼，吹乾。

④ 最後上三層亮光保護劑，待乾後再上油性保護劑，乾燥即完成。

Decoupage 32

黑板手繪風

塗鴉

● 圖源：專用紙　　● 設計者：張靖宜

以手繪圖案與文字為主，好像回到學生時代，
文字與塗鴉的粉筆感，就是黑板風。
手感的文字、塗鴉的魅力，
蝶古巴特帶你剪出黑板風的圖案文字，
生動構圖，且讓不會手繪的你輕鬆上手，
豐富你的視覺，表達久違的自由與想像。

| 使用技法 | How to make→Page.113、142、134 |

技法 4 ▸ 硬紙貼法
技法 34 ▸ 黑板風底色技法
技法 26 ▸ 乾刷仿舊技法
TIPS／在完成貼圖後，以白色油性筆再勾勒幾筆線條，
　　　使畫面更活潑完整。

胚體材質：木質
製作程序
1 選擇黑底白字的飲食、文字系列專用紙，在專用紙上薄刷透明底劑，待乾後細剪圖紙。
2 黑板框與底板胚體上透明底劑打底，待乾後底板上兩層黑色顏料至飽和，乾燥後砂磨表面至平滑，再以乾海綿沾銀色顏料刷出如使用過的黑板痕跡，上細分子消光保護劑，待乾。
3 黑板框上一層秋香綠顏料至飽和，待乾後砂磨表面至平滑，且透出些許木紋。以乾海綿沾黑色顏料，局部乾刷框的周圍，呈現仿舊的氛圍，上細分子消光保護劑，待乾。
4 取細剪好的圖紙，編排構圖。以專用紙拼貼膠黏合拼貼，並取油性筆手繪符號線條。
5 最後底板上細分子消光保護劑，待乾後組裝框與底板即完成。

黑板手繪風

北有佳人

●圖源：月曆紙　　●設計者：張靖宜

專屬我的童趣溫潤黑板風，
復古刷色襯出黑與紅的協奏。
在黑白之間添一縷清新粉紅。
做了環狀構圖的設計，
花團間有著大大的「期待」，期待你來填滿……

使用技法	How to make→Page.113、142、134

技法 4　▶ 硬紙貼法
技法 34 ▶ 黑板風底色技法
技法 26 ▶ 乾刷仿舊技法

胚體材質：木質

製作程序

1　選擇淑女時尚系列專用紙，在專用紙上薄刷透明底劑，待乾後細剪圖紙。

2　黑板框與底板胚體上透明底劑打底，底板上兩層深綠色顏料至飽和，待乾後砂磨至平滑，且稍透出木紋。以乾海綿沾銀色顏料刷出如使用過的黑板痕跡，上細分子消光保護劑，待乾。

3　黑板框上兩層橘黃顏料至飽和，待乾後砂磨至平滑，且稍透出木紋。乾海綿沾黑色顏料，局部乾刷框的周圍，呈現仿舊的氛圍，上細分子消光保護劑，待乾。

4　取細剪好的圖紙，排列構圖。以專用紙拼貼膠黏合完成拼貼。

5　最後底板上細分子消光保護劑，待乾後組裝框與底板即完成。

黑板手繪風

原來姹紫嫣紅開遍

● 圖源：包裝紙、專用紙　● 設計者：張靖宜　● 收藏者：胡舜英

東方中國風讓我想起草書與花旦。
中國戲曲花旦「雲鬢花顏金步搖」，
似秋水的眼神，風情曼妙的水袖身段，
演繹柔美，愛恨情仇娓娓道來，引人入勝。
以如人半醉品冠群芳的牡丹與最美草書文字配襯，
古典神韻油然而生。

使用技法	How to make→Page.113、142、134

技法 4 ▶ 硬紙貼法／技法 34 ▶ 黑板風底色技法
技法 26 ▶ 乾刷仿舊技法

胚體材質：木質
製作程序

1 選用牡丹、女伶與草書的中國風專用紙，在專用紙上薄刷透明底劑，待乾後細剪圖紙。

2 木框上一層黑色顏料至飽和，待乾後砂磨至平滑，且稍透出木紋。以白蠟塗抹木框表面，再上一層酒紅色顏料，待乾。

3 以＃180砂紙磨框，透出脫蠟的陳舊感。以乾海綿沾黑色顏料，局部乾刷框的周圍，上細分子消光保護劑，吹乾。

4 取草書專用紙為背景，與細剪好的圖紙構圖編排。以專用紙拼貼膠黏合，完成拼貼。以乾海綿沾銀色顏料，將草書底圖由圖中央往外刷淡，使整個畫面層次清楚，表現高貴、嫵媚與優雅的沉穩東方之姿。

5 最後底板上細分子消光保護劑，乾燥後組裝黑板框與底板即完成。

Decoupage **35**

家飾藝術風

點石成金

●圖源：餐巾紙　●設計者：張靖宜

舊的鐵器經過餐巾紙拼貼的技法，
整個胚體煥然一新。
另在餐巾紙上貼幾顆彩鑽，
並在鐵器邊緣使用刷舊技法，
平凡的鐵器脫穎而出。

使用技法	How to make→Page.111、134

技法 2 ▶ 單劑型貼法
技法 26 ▶ 乾刷仿舊技法
TIPS／塗鴉完成貼圖與乾刷，使用萬用底劑拼貼
　　　膠，貼上幾顆大小彩鑽，貴氣指數直上。

胚體材質：鐵器
製作程序
1　選擇喜歡的餐巾紙1/2張，手撕邊緣取圖，不修邊。
2　鐵器外層以乾海綿拍白色增厚打底劑，吹乾。
3　使用191拼貼膠第2劑，以單劑貼法將選擇的餐巾紙貼
　　在鐵器上。
4　沾咖啡色系顏料，使用平筆交叉乾刷鐵器的上下緣，
　　並覆蓋圖紙貼痕。
5　上亮光保護劑三層，吹乾。
6　以萬用底劑拼貼膠，貼上大小不等的水鑽，增加華麗感。

家飾藝術風

喜迎春

●圖源：台灣客家花圖騰　●設計者：張靖宜

阿嬤時代的布花圖案豔麗中帶俗美，
娓娓道來曾經篳路藍縷的歲月。
明亮鮮豔的客家花布，
有著客家人昔日的共同生活記憶，
以華麗的牡丹象徵喜氣、希望與富貴，
如今已是台灣文化的特色之一。

使用技法	How to make→Page.131

技法 23 ▸ 轉轉印技法

胚體材質：漆白木杯墊

製作程序

1　客家花樣轉印紙正面薄塗五層AGS轉轉印膠，每層都要吹乾之後再塗下一層。

2　在白杯墊上厚塗一層轉轉印膠，轉印紙正面與上了膠的杯墊貼合，以刮板刮出多餘的轉轉印膠，緊密黏合，吹乾。

3　以砂紙磨去超出杯墊邊緣的轉印紙。放置24小時，或吹乾放置30分鐘以上，即可轉印。

4　沾水讓轉印紙濕透，以指腹左右搓紙，褪去紙屑，吹乾。呈現清楚的轉印圖即完成（若轉印後顯示圖是霧白的，則是紙屑沒有搓乾淨，以手指沾水，繼續搓至清晰為止）。

家飾藝術風

顧影

●圖源：專用紙、輕棉紙　●設計者：張靖宜　●收藏者：陳文雅

有如夾紗玻璃的蝶古巴特技法，

跳脫拼貼的刻板印象而層次分明，

框內藍綠金的孔雀羽毛，

象徵和平與清麗，使原來單純的鏡子變成藝術品。

使用技法	How to make→Page.113、114、119

技法 4 ▸ 硬紙貼法
技法 5 ▸ 棉紙貼法
技法 10 ▸ 玻璃裂紋

胚體材質：玻璃鏡
製作程序

1. 以輕棉紙為背景紙，選定孔雀羽毛專用紙。在專用紙的背面薄刷透明底劑，待乾後細剪羽毛圖紙。
2. 取一張大於玻璃鏡的紙，畫出鏡子外框的透明玻璃範圍。將剪好的羽毛圖紙直接在紙上構圖，完成後，將玻璃鏡置放於上，以黑色油性筆畫出構圖的位置。
3. 將玻璃鏡翻面，背面朝上，可清楚看到構圖的位置。這時，在玻璃鏡的背面操作並使用透明底劑打底，待乾。
4. 以專用紙拼貼膠黏貼羽毛專用紙（注意專用紙背面朝上）。完成拼貼後，以手撕輕棉紙，使用透明底劑，以單劑貼法不規則地將棉紙拼貼填滿玻璃框的空白處。
5. 以圓海綿沾壓克力顏料，以白色為主色，搭配金色與紅色，拍色覆蓋玻璃拼貼的範圍，待乾後上透明底劑隔離，吹乾。
6. 以圓海綿再拍一層金色壓克力顏料美背，待乾後上三層亮光保護劑，乾燥後再上油性保護劑。
7. 將玻璃鏡翻回正面，擦掉黑筆的痕跡。裝上玻璃鏡框即完成。

家飾藝術風

花花世界

●圖源：專用紙　●設計者：張靖宜

彩蝶飛舞與花鳥和鳴，構圖元素豐富
彩色雲彩繪出空間背景，
手繪感的水彩圖呈現了對花花世界繽紛浪漫的想像。

使用技法	How to make→Page.113、139、128

技法 4 ▸ 硬紙貼法
技法 31 ▸ 雲彩技法
技法 20 ▸ 型版技法

胚體材質：行李箱

製作程序

1 因為有了花鳥對話的構想，選用水彩花鳥專用紙。在專用紙上薄刷透明底劑，待乾後細剪圖紙。

2 以海綿拍增厚打底劑打底，乾燥後以大平筆沾壓克力顏料交叉繪出雲彩式的流動感，並在局部的畫面加上白色型染，乾燥後上透明底劑隔離，吹乾。

3 取細剪好的圖紙構圖編排。以專用紙拼貼膠黏合，完成拼貼後，上透明底劑隔離，吹乾。

4 上亮光保護劑三層，待乾後再上油性保護劑兩層，乾燥後即完成。

Decoupage **39**

家飾藝術風

閑花淡淡春

●圖源：琉璃彩、金箔　　●設計者：張靖宜　　●收藏者：洪瓔桂

現代藝術是形式的視覺表達、浮誇、抽象與爭論，

都是要表現藝術的新思路與洞察力。

琉璃彩大膽的溶色與蝶古巴特的含蓄表現了藝術解放與真實，

想要精確描述理想樣貌與之外的無限空間及色彩的遐想，

在深淺中搖擺平衡，自得其樂。

胚體材質：畫布

製作程序

1　運用琉璃彩融色層次的特性優勢，翻轉明暗空間的想像與視覺自信的表達。

2　選擇手繪風格的圖紙，細剪後重新排列拼組成花間的遐想，以單劑貼法完成拼貼。

3　運用金箔與補繪技法，表現花樣的生動與姿態。

4　表層上3D琉璃立體劑進行保護，不均勻的厚薄可呈現油彩堆積的透明效果。乾燥即完成。

| 使用技法 | How to make→Page.111、115 |

技法 2 　▸ 單劑型貼法

技法 6 　▸ 碎金箔貼法

TIPS／以琉璃彩顏料著色，呈現明暗層次的溶色效果。

Decoupage 40 ◆

家飾藝術風

有女懷春

●圖源：蔡青芬手繪　●設計者：張靖宜

以壓克力水彩渲染成少女心的粉嫩，
結合青芬手繪的水彩人物，
拼貼成風間花語的生動萌樣，
有女懷春栩栩如生。

使用技法　How to make→Page.113

技法 4　▸ 硬紙貼法
TIPS／以壓克力顏料著色，使底色呈
　　　現水彩般夢幻淡然。

胚體材質：畫布

製作程序

1️⃣ 列印蔡青芬老師手繪的可愛圖檔，成為作品中的主角，並搭配水彩風格的花葉專用紙。
在專用紙上薄刷透明底劑，待乾後細剪圖紙。

2️⃣ 在畫布上刷很多水，以多色壓克力顏料上色作出水染的淡彩效果，並以此為背景，待乾
燥後薄刷透明底劑隔離，吹乾。

3️⃣ 取細剪好的圖紙構圖編排。因為畫面很大，以鉛筆局部畫上記號，防止拼貼時移位。以
專用紙拼貼膠黏合，完成拼貼。

4️⃣ 最後上三層亮光保護劑，乾燥後即完成。

家飾藝術風

東風嬝嬝

●圖源：專用紙　●設計者：張靖宜

糖果盒如窗格的設計，有著祖母年代的祝福，

每每在過年或喜慶訂婚時看見它，裝載甜蜜的禮讚。

「東風嬝嬝泛崇光，夜色空濛月轉廊」，

糖果盒構思於歡快喜慶，

紅黑色的對比襯出花豔滿盛的丰姿、富貴春來的祝福。

使用技法	How to make→Page.113、128、153、154

技法 4 ▶ 硬紙貼法／技法 20 ▶ 型版技法

技法 44 ▶ 珍珠貝殼面技法／技法 45 ▶ 金質貼紙技法

胚體材質：木質

製作程序

1️⃣ 選富貴牡丹專用紙，在專用紙上薄刷透明底劑，待乾後細剪圖紙。

2️⃣ 盒裡盒外皆上透明底劑打底，待乾後盒外貼紙膠帶，區隔出兩個大小不同的區塊。盒內刷黑色，盒外依區塊分別刷黑色與紅色。上兩層顏料至飽和，乾燥後砂磨表面至平滑，上透明底劑隔離，吹乾。

3️⃣ 以紙膠帶將黑色區塊的再分隔為二，其中一個區塊上珍珠顏料，作成貝殼面的效果，待乾後上透明底劑隔離，吹乾。

4️⃣ 盒蓋及側邊以型染方式添上白色花形，待乾後上透明底劑隔離，吹乾。

5️⃣ 以專用紙拼貼膠將已細剪的牡丹圖紙拼貼在盒蓋上。

6️⃣ 貼金質貼紙，裝飾分隔區塊的線條。

7️⃣ 上三層亮光保護劑，待乾後再上油性保護劑，乾燥即完成。

Decoupage 42

家飾藝術風

桃花過渡

●圖源：餐巾紙　●設計者：張靖宜　●收藏者：曾雅婷

選一張灰黑圖文餐巾紙，緬懷時光的記憶，
曾像桃花般嬌豔綻放，深色型染蜿蜒串連過去、現在、未來。

使用技法	How to make→Page.111、118、128

技法 2 ▸ 單劑型貼法／技法 9 ▸ 夾心裂紋
技法 20 ▸ 型版技法

胚體材質：木質

製作程序

1. 選餐巾紙時先初步構圖與搭配。花紙細剪，灰黑系餐巾紙手撕取圖，不修邊。
2. 木提籃先上透明底劑打底。上兩層壓克力顏料至飽和，待乾後砂磨表面至平滑，上透明底劑隔離，吹乾。
3. 沿著與四個面接觸的邊緣與提籃底部四周貼紙膠帶，以防作裂紋時沾色。
4. 以乾平筆上簡單裂劑1，吹乾。以3：1比例調和簡單裂劑2與白色顏料至可流動的濃度。以乾海綿沾調合劑，很快地在四個面均勻拍色即呈現裂紋，吹乾。
5. 使用萬用底劑拼貼膠，以單劑貼法，完成構圖拼貼，吹乾。
6. 使用黑色顏料作出型染，增加畫面層次感並連結四面構圖。以乾海綿沾淺紫顏料刷邊，待乾後上透明底劑隔離，吹乾。
7. 最後上三層亮光保護劑，乾燥即完成。

自由美式風

●圖源：餐巾紙 ●設計者：張靖宜

午後・夏日・風起

為隨身的化妝品築窩，是屬於我的時尚與色彩，
渲染輕盈飄逸的優雅魅力，
感受午後、夏日、風起的浪漫風情。

| 使用技法 | How to make→Page.111、135、138 |

技法 2 ▶ 單劑型貼法
技法 27▶ 修圖燒烙技法
技法 30▶ 漸層渲染技法
TIPS／布類材質使用細分子消光保護劑，呈現細緻質感。

胚體材質：棉布
製作程序
1 選餐巾紙時先初步構圖。手撕餐巾紙取圖，運用燒烙修邊。
2 整個布包上191布用拼貼膠打底，待乾。
3 棉布類適合以191布用拼貼膠黏貼，柔軟又消光。使用單劑貼法，將已修邊好的圖紙拼貼完成後，整個布包再上一層191布用拼貼膠，待乾後砂磨至平滑。
4 平筆筆毛微濕，左半邊沾色，在圖紙邊緣暈色作單邊渲染，使畫面豐富並和諧。
5 最後上191布用拼貼膠進行保護，乾燥即完成。

混搭時尚風

花伴

● 圖源：餐巾紙　● 設計者：張靖宜

「花間一壺酒，獨酌無相親，舉杯邀明月，對影成三人。」

偶爾有孤單傷感時，自斟自酌與自己對飲。

作一朵布花相伴，花型隨己擺佈，心情隨我傾訴。

使用技法	How to make→Page.111

技法 2 ▶ 單劑型貼法

胚體材質：棉布
製作程序

1️⃣ 選好製作布包和花瓣的餐巾紙，使用191布用拼貼膠，以單劑貼法整張黏貼在30平方公分以上的淺色棉布上。將拼貼好的棉布描上水滴型花瓣，製作紙型，大小各8片，細剪備用。

2️⃣ 半圓形零錢包使用單劑貼法完成拼貼。

3️⃣ 剪好的16片花瓣都由上下兩邊拉，然後雙手反方向扭轉至緊，置旁備用。

4️⃣ 再取一張鮮豔的餐巾紙作花心，以單劑貼法貼在淺色棉布上，剪成約5cm×15cm的長方形，長邊沾一點點白膠，對摺，以剪刀每2mm的間隔剪開約2cm，不能剪斷。

5️⃣ 剪好的長方形棉布，在未剪斷的部分沾一點熱融膠，由長邊捲起成束，細剪開來的部分是花心，朝上。

6️⃣ 捲好的花瓣花色朝上，尾端沾熱融膠，黏貼在花心束下方約1/3部分，一層四瓣，每層間交叉對齊。由小花瓣開始先黏貼兩層，再貼上兩層大花瓣。

7️⃣ 將捲好的花瓣展開整理一下，便出現自然立體的花形。以熱融膠將布花貼在布包上即完成。

家飾藝術風

蜷伏

● 圖源：專用紙

● 設計者：張靖宜

● 收藏者：陳婉瑜

喵星人＆狗兒是負責可愛、擅長賣萌的療癒系。

喵，蜷伏在我的高跟鞋裡，

汪，蜷伏在我的洗筆筒裡，

而我將毛小孩與花蜷伏在粉紅的牆角。

使用技法	How to make→Page.113、132

技法 4 ▶ 硬紙貼法

技法 24 ▶ 木紋技法

胚體材質：木質

製作程序

1. 選萌樣動物專用紙，搭配花的專用紙。在專用紙上薄刷透明底劑，待乾後細剪圖紙。

2. 置物桶裡外以透明底劑打底，待乾後上兩層淺橘壓克力顏料至飽和。顏料乾燥後砂磨表面至平滑，上透明底劑隔離，吹乾。

3. 調和白、金顏料與珍珠劑，在置物桶的四面以木紋刷作出木紋，吹乾後上透明底劑隔離，再吹乾。

4. 編排細剪好的圖紙，以專用紙拼貼膠黏貼構圖，完成四面拼貼。

5. 以乾海綿沾藍紫色壓克力顏料刷邊，待乾後上三層亮光保護劑，乾燥即完成。

玩轉‧繽紛

基礎技法教學

二劑型貼法

材料　191二劑型拼貼膠
　　　　餐巾紙
　　　　＃10平筆

How to make

材料

1　餐巾紙通常有三層紙，只留有圖案的那一層紙來進行拼貼。

2　在胚體上塗抹191拼貼膠第1劑。

3　吹乾（表面會有黏性）。

4　紙巾放好位置，以離型紙來回摩擦壓平，使紙巾與胚體密合。

5　使用平筆在紙巾上塗191拼貼膠第2劑，覆蓋圖紙。

6　將平筆筆尖垂直圖紙，輕輕掃去多餘的拼貼膠。

7　吹乾即完成二劑型拼貼膠貼法。

技法 **02**

單劑型貼法

材料　AGS萬用底劑拼貼膠
　　　餐巾紙・圓海綿
　　　#10平筆

How to make

材料

1 餐巾紙通常有三層薄紙，只留有圖案的那一層紙來進行拼貼。

2 將剪下的紙擺好位置，以手指固定。

3 翻開餐巾紙，使用平筆在胚體上塗抹萬用底劑拼貼膠。

4 放回翻起的餐巾紙，以圓海綿壓平，使紙巾與胚體貼合。

5 翻起另一邊的紙巾，由外往內，在胚體上塗抹拼貼膠。

6 放回餐巾紙，以圓海綿壓平，使紙與胚體貼合。

7 以平筆在紙巾上刷萬用底劑拼貼膠，圖紙固定後，再以筆尖掃去殘膠，待乾燥即完成。

技法 03
簡單雙劑貼法

材料 AGS簡單雙劑拼貼膠
餐巾紙‧圓海綿
＃10平筆

How to make

材料

---

1 在胚體上均勻塗抹簡單雙劑1劑，吹乾備用（表面無黏性）。

2 將取好的紙巾放在胚體上，將圓海綿泡水擰乾。

3 以微濕的圓海綿緊壓於紙巾上，使紙巾與胚體密合，吹乾。

4 重複步驟2至3，完成構圖，吹乾。

5 使用平筆，在紙巾與胚體表面塗一層簡單雙劑2劑。

6 吹乾即完成簡單雙劑貼法。

技法 **04**

硬紙貼法

材料 AGS專用紙拼貼膠
透明底劑・刮板・化妝海綿
專用紙・#10平筆

How to make

材料

1 先在專用紙上薄薄刷上一層透明底劑,吹乾。

2 取剪好的專用紙放在胚體上,以手指固定。

3 翻起專用紙,以平筆沾專用紙拼貼膠刷在胚體上。

4 放回翻起的紙,以刮板刮出多餘的膠。

5 以濕抹布擦去刮板上的膠。

6 翻起另一邊的專用紙,由外往內,在胚體上塗膠。

7 重複步驟4至5。

8 以濕潤的化妝海綿清除專用紙外的殘膠,待乾燥即完成。

〔小提示〕
硬紙是指紙質60至150磅的不透明印花紙,統稱「專用紙」,包括進口專用紙、月曆、美編紙、包裝紙等。

技法 **05**

棉紙貼法

材料 AGS透明底劑
棉紙（輕棉紙）・＃10平筆

─ How to make ─

材料

1 手撕下所需的（輕）棉紙大小。

2 擺好位置以手指固定，翻起（輕）棉紙。

3 使用平筆在胚體上塗抹透明底劑。

4 放回（輕）棉紙，以平筆沾透明底劑，推平棉紙使之與胚體貼合。

5 翻起另一邊（輕）棉紙，由外往內，在胚體上塗抹透明底劑。

6 重複步驟4，使（輕）棉紙平整貼合胚體，待乾燥即完成。

技法 **06**

碎金箔貼法

材料　191拼貼膠1劑
　　　金箔・透明底劑
　　　型染筆・＃6平筆

— How to make —

材料

1　在欲貼金箔的胚體表面，以平筆塗上191拼貼膠1劑。

2　吹乾（表面有黏性）。

3　垂直轉動型染筆，轉碎金箔。

4　使用型染筆沾碎金箔，並沾黏在胚體上。

5　在金箔上塗透明底劑，有隔離保護作用。

6　吹乾即完成碎金箔貼法。

技法 **07**

大片金箔貼法

材料　191拼貼膠1劑・金箔
　　　透明底劑・型染筆
　　　#6平筆

How to make

材料

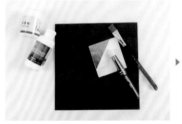  

1　在欲貼金箔的胚體表面，以平筆塗191拼貼膠1劑，吹乾。

2　翻起金箔的包覆紙。

3　將金箔小心輕放在胚體上。

4　以平筆固定金箔的位置，左手拉開金箔包覆紙。

5　左手完全拉開金箔包覆紙，使整片金箔落下。

6　使用平筆輕輕刷平金箔。

7　在金箔上塗抹透明底劑，有隔離保護作用。

8　吹乾即完成大片金箔貼法。

技法 **08**

不透色餐巾紙

材料　手工棉紙‧餐巾紙
191拼貼膠2劑‧白色底劑
＃10平筆‧圓海綿

How to make

材料

1　將餐巾紙放在手工棉紙上，翻起餐巾紙，在手工棉紙上塗191拼貼膠2劑。

2　放回餐巾紙，以乾的圓海綿壓平，使與棉紙黏合。

3　翻起另一端的餐巾紙，由外往內，在手工棉紙上塗191拼貼膠2劑，重複步驟2。

4　在餐巾紙上塗一層191拼貼膠2劑，固定貼合，吹乾。

5　在貼好圖的棉紙背面，塗上白色底劑，使圖顯色，吹乾。

6　待白色底劑乾燥後，剪下已顯色的餐巾紙圖案，即完成不透色餐巾紙製作。

夾心裂紋

材料　AGS簡單裂劑・圓海綿
　　　壓克力顏料・#10平筆

How to make

材料

1　在胚體上塗簡單裂劑1。

2　吹乾簡單裂劑1。

3　採1：3的比例調和壓克力顏料與簡單裂劑2。

4　調和至可流動的濃稠度。

5　以乾海綿沾取簡單裂劑2和顏料的調和劑。以拍打的方式，在已乾的簡單裂劑1上拍色。盡量不重複拍色，以免覆蓋裂紋。

6　在加熱吹乾的過程中即可產生裂紋。

技法 **10**

玻璃裂紋

材料　AGS簡單裂劑・壓克力顏料（金、白、綠）
　　　#10平筆・拼貼好的玻璃盤
　　　圓海綿

How to make

材料

1　使用平筆以交叉刷的方式，在玻璃盤背面塗AGS簡單裂劑1。

2　以熱風吹至全乾（吹風機離玻璃約10公分）。

3　採1：3的比例調和壓克力顏料與簡單裂劑2，調和至可流動的稠度。

4　以海綿沾取調和劑，採輕拍的方式，在玻璃盤背面拍色。可沾取不同顏色，同一位置
　　不重複拍色。

5　吹乾即呈現龜殼裂紋。

6　以金色壓克力顏料在玻璃背面覆蓋裂紋。

7　吹乾即完成玻璃裂紋。

技法 **11**

復古表面裂紋

材料　AGS簡單裂劑組
　　　咖啡色壓克力顏料・#10平筆
　　　乾布・食用油少許

― How to make ―

材料

1　在已上作品保護劑的胚體表面，以平筆塗上AGS簡單裂劑1。

2　吹至全乾。

3　使用平筆塗抹AGS簡單裂劑2，吹乾即出現透明裂紋。

4　使用乾布沾取顏料與食用油，塗在胚體表面，使顏料的顏色滲入裂紋中。

5　塗色後即呈現復古表面裂紋效果，顏料乾燥後即完成。

技法 **12**

浮雕立體技法

材料　AGS增厚打底劑·手套·圓海綿
　　　壓克力顏料（黑、金）

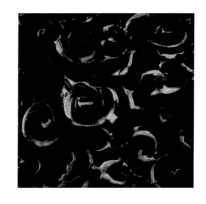

— How to make —

材料

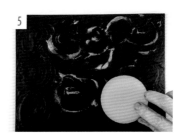

1　取適量的增厚打底劑倒在胚體上。
2　以手指勾勒出流暢的紋路，呈現立體感，靜置至乾透。
3　以圓海綿沾取黑色壓克力顏料上色，改變底色。
4　待底色乾燥，以圓海綿沾取金色或銀色的顏料，在上色前先刷乾顏料。
5　在胚體表面輕輕刷出立體浮雕的效果，待顏料乾燥即完成。

〔小提示〕
可作出不同的立體紋路，也
可在立體面上拼貼構圖。

技法 13

古典立體技法

材料　AGS凹凸立體劑
　　　壓克力顏料（金、藍、白），圓海綿‧刮刀
　　　#10平筆‧型染版‧#240砂紙

How to make

材料

6

1　使用刮刀將AGS凹凸立體劑塗抹在胚體上。

2　將型染版放在凹凸立體劑上，壓出型染版上的圖騰，待乾。

3　使用#240砂紙輕磨立體表面，使之觸感圓順。

4　使用顏料上色（與胚體底色相近的顏色）。

5　將顏料吹乾。

6　使用圓海綿輕輕刷上復古金色，凸顯型版的立體層次，顏料乾燥即完成。

技法 **14**

立體型板

材料 凹凸立體劑・刮刀・型染版
壓克力顏料・＃10平筆・圓海綿

How to make

材料

1 放好型染版，以刮刀挖取凹凸立體劑敷於型染版上，抹至看不到型染板痕跡的厚度。

2 慢慢拉起型染版。

3 立體花紋顯現，吹乾。

4 以乾海綿沾取顏料，輕輕刷在立體花紋上。

5 刷色後，花紋更顯清晰立體！待顏料乾燥即完成。

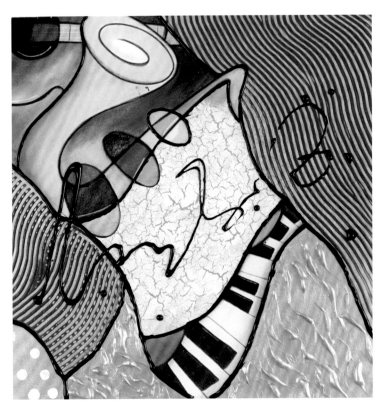

技法 **15** + **16** + **17**

技法 **15**

線條刮板技法

材料　綠色壓克力顏料‧三角刮板‧AGS細分子消光保護劑‧＃10平筆

---── How to make ──---

材料

1　顏料調和細分子消光保護劑，以平筆刷在胚體上。

2　手拿三角刮板，約60度傾斜由上而下刷出線條，顏料乾燥即完成此技法。

技法 **16**

轉筆立體技法

材料 金色壓克力顏料・#6平筆

How to make

材料

1 以#6平筆沾取厚顏料，以轉筆的方式，作出局部的微立體效果，顏料乾燥即完成。

技法 **17**

鑲嵌技法

材料 黑色凸凸筆

How to make

1 以黑色凸凸筆勾勒出區塊的邊線。

2 作出類似鑲嵌的塊狀效果。

3 在連結區域使用黑色凸凸筆即興繪出點、線，使畫面更豐富，筆墨乾燥後即完成。

錫雕技法

材料 錫箔紙‧壓克力顏料
　　　（銀、咖）‧不織布
　　　AGS專用紙拼貼膠‧已乾的立體圖騰

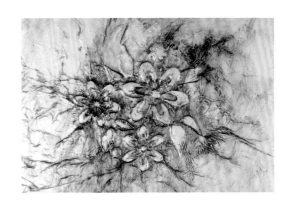

<hr/>

How to make

材料

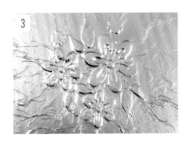 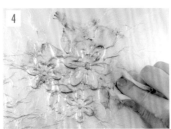 

<hr/>

1 參考技法14「立體型版」的作法，再塗專用紙拼貼膠於胚體上。

2 取錫箔紙放在立體花紋上，以指腹由花紋中央往外壓。

3 慢慢壓出立體花紋。

4 使用微濕的不織布，沾取銀色與咖啡色顏料，薄薄地塗上錫箔紙，染舊錫箔表面。

5 將立體的型版圖案以不織布刷亮，使仿錫雕效果更好。

透明立體型版

材料 3D琉璃立體劑．刮刀．型染版

How to make

材料

 ▶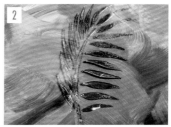

1　在胚體上放好型染版，以刮刀挖取3D琉璃立體劑，薄敷於型染版上。

2　拿起型染版，透明立體型染顯現，吹乾即完成。

技法 **20**

型版技法

材料　白色壓克力顏料‧型染筆
　　　　型染版

――― How to make ―――

材料

 ▶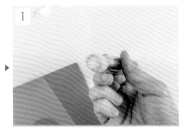

1 型染版置於胚體上，以乾的型染筆沾白色顏料（型染筆上勿有顏料堆積）。

2 型染筆沾取壓克力顏料後，在胚體上拓印出型染版上的圖案。

3 拿起型染版，型染版上的圖案顯現，吹乾即完成。

技法 **21**

3D立體技法

材料 191二劑型拼貼膠・水晶紙
珠筆・雙面泡綿膠帶
增厚打底劑・餐巾紙・＃10平筆

───────── How to make ─────────

材料

 ▶

1 以平筆在水晶紙上塗抹191拼貼膠1劑，吹乾。

2 將餐巾紙貼在水晶紙上，一圖四式。以離型紙來回壓實，使圖與水晶紙貼合。

3 在餐巾紙上塗191拼貼膠2劑，使圖紙固定，吹乾。

4 在水晶紙背面薄塗一層增厚打底劑，使圖紙顯色，吹乾。

5 仔細剪下水晶紙上的圖案後，以珠筆畫圓，使圖紙立體微彎。

6 使用雙面泡綿膠帶或保麗龍膠，準備將圖紙固定在胚體上。

7 採多層貼合的方式布置圖紙。

8 完成後即可表現3D立體效果。

黏土立體技法

材料　專用紙・AGS專用紙拼貼膠
　　　　輕黏土・矽滾棒・#10平筆

How to make

材料

1　以矽滾棒擀壓輕黏土，作出厚2mm的薄片。

2　在黏土薄片上塗抹專用紙拼貼膠。

3　將粗略剪好的圖紙貼在黏土薄片上，以矽滾棒稍微滾壓一下使貼合。

4　將貼合黏土的圖紙仔細剪出圖案，以手指將邊緣的黏土向紙中央推入、壓平。

5　在黏土面塗抹專用紙拼貼膠，將圖案黏貼於胚體上。

6　圖案邊緣緊貼胚體，不要露出黏土，待黏土乾燥即完成！

轉轉印技法

材料 白杯墊・AGS轉轉印膠
轉印紙・刮板・#180砂紙
#10平筆

How to make

材料

1 在完成翻轉的影印圖紙上，以平筆垂直薄刷轉轉印膠5層，每層都要吹乾再刷。

2 使用平筆在白杯墊上厚塗轉轉印膠。

3 取好構圖的位置，將杯墊蓋在轉印紙上。

4 翻到正面來，以刮板用力刮出多餘的膠，吹乾，並使圖與杯墊緊緊貼合。

5 再翻至背面，以平筆抹去多餘的膠。以砂紙磨掉多餘的圖紙後，放置24小時，或靜待
30分鐘後轉印。

6 手指沾水浸濕圖紙，以指腹按壓，顯現出轉印圖。

7 指腹來回搓掉圖紙屑，待圖案清晰顯現即完成轉轉印（若轉印圖呈現霧白，表示仍有
紙屑未轉印完成）。

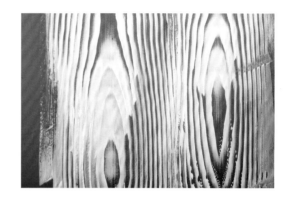

技法 24
木紋技法

材料 AGS細分子消光保護劑
壓克力顏料（白、金）
木紋刷・大平筆

How to make

材料

1 在胚體上以大平筆塗刷細分子消光保護劑與壓克力顏料。

2 準備好木紋刷。

3 拿穩平放的木紋刷，由上往下滾動即可作出木紋效果，待顏料乾燥即完成此技法。

技法 **25**

平行線條技法

材料 壓克力顏料（白、黃）
二齒筆・透明底劑

How to make

材料

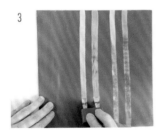

1　選擇1至2色的顏料，以二齒筆潤水沾取顏料，並將筆的兩面均勻潤色。

2　低握二齒筆，傾斜60度，由上往下走。

3　重複步驟1至2，待顏料乾燥即完成平行線條技法。上透明底劑隔離，吹乾即完成。

技法 26
乾刷仿舊技法

材料　乾刷筆（豬鬃毛排筆）
　　　　壓克力顏料

How to make

材料

1　乾刷筆沾取顏料後，在調色紙上刷勻筆毛上的顏料。

2　低握乾刷筆，傾斜60度由上往下走。

3　重複步驟1至2，待顏料乾燥即完成乾刷仿舊技法。

修圖燒烙技法

材料 餐巾紙・打火機

How to make

---

1 撕下需要的餐巾紙範圍。

2 餐巾紙與打火機呈垂直,燒烙出乾焦的邊緣。

3 以打火機將圖紙燒烙出邊緣後,再進行構圖拼貼。

技法 **28** + **29**

〔小提示〕
這兩種技法常用於貼上餐巾紙的深色底胚體。

框中畫技法・乾筆濕刷

材料 紙膠帶・AGS細分子消光保護劑
白色壓克力顏料・乾刷筆・＃10平筆

How to make

材料

1 在胚體四周以紙膠帶貼出框的寬度。

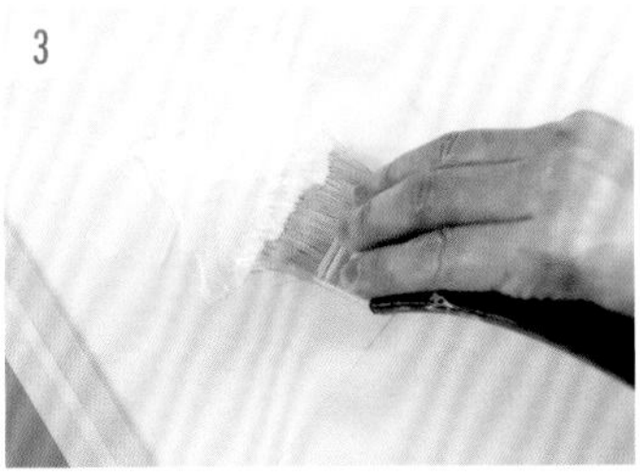

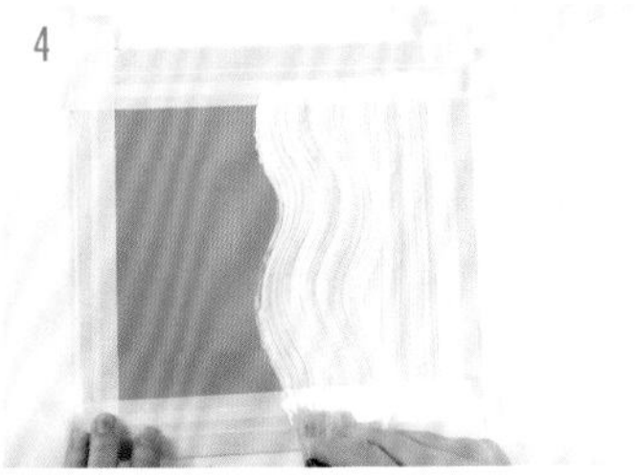

2 紙膠帶貼成外框。在胚體未貼紙膠帶的部分進行乾筆濕刷技法。

3 採1：2的比例，調和白色顏料和細分子保護劑，低握乾刷筆沾取調和顏料。

4 低握乾刷筆垂直由上往下直行（抑或是由上向下曲行）。

5 重複步驟3至4，吹乾顏料即完成乾筆濕刷技法。

6 撕下紙膠帶，同時呈現框中畫的乾筆濕刷。

7 在乾筆濕刷部分構圖，完成拼貼。

技法 **30**

漸層渲染技法

材料 拼貼好的未完成品
壓克力顏料（金、咖、黑、紅、綠）
水・＃10平筆

―――――― How to make ――――――

材料

1 以濕潤的平筆沾取顏料。左邊1/3的筆毛沾顏料後，在調色紙上稍微潤色一下。

2 沾了顏料的平筆左傾，沿著圖紙邊緣，前後移動上色，作成漸層渲染。金、咖、紅、綠依相同方式上色渲染。

3 重複步驟1至2，最後平筆潤上黑色，在構圖下方的圖紙邊緣漸層渲染，凸顯全圖的層次。

技法 **31**

雲彩技法

材料 各色壓克力顏料・大平筆・水
保鮮膜

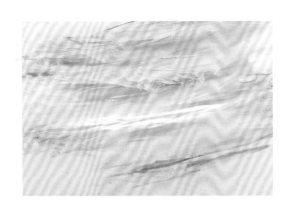

── How to make ──

材料

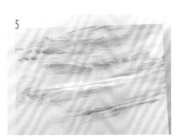

1　使用大平筆在胚體底色上刷水，延緩顏料乾燥速度，增加操作的潤滑度。

2　以大平筆沾取顏料，厚抹在胚體底色上。

3　取比胚體表面大2至3倍的保鮮膜，置於顏料上，利用水的潤滑度左右滑動。

4　滑動顏料使混合，再由右邊順勢將保鮮膜拉離開。

5　吹乾即完成雲彩技法。

技法 **32**

硬紙接圖技法

材料　2張專用紙・紙膠帶・花邊剪刀
　　　AGS專用紙拼貼膠・刮板

How to make

材料

1 使用花邊剪刀減掉專用紙不需要的部分。

2 在欲相接的兩張專用紙的重疊處貼上紙膠帶固定。

3 使用花邊剪刀，從兩張專用紙的重疊處剪開。

4 步驟3剪好的專用紙即是要接圖的兩張專用紙，準備貼至胚體上。

5 參照技法4「硬紙貼法」，將兩張專用紙相接貼好。

6 待拼貼膠乾燥即完成硬紙接圖技法。

技法 **33**

補繪技法

材料 貼好接圖的木板‧各色壓克力顏料
＃10平筆‧＃2平筆

─────── How to make ───────

材料

1 先在貼圖與胚體底色相接的部分以#10平筆上色。

2 使用與貼圖相近的顏色補繪，使畫面色彩和諧、具統一性。

3 在紙張相接的部分以#2平筆補繪，使成為完整的畫面，並加強局部畫面顏色的對比層次，使畫面更融合且不改變原貌。

4 經由補繪技法，即可重置一幅新的畫面。

技法 **34**

黑板風底色技法

材料　AGS細分子消光保護劑
　　　壓克力顏料（黑、銀）·圓海綿
　　　＃10平筆·專用紙

How to make

材料

1

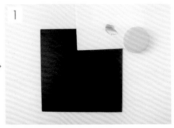

2

3

4

5

1　黑色底色完成後，上細分子消光保護劑隔離。準備圓海綿與銀色顏料。

2　以圓海綿沾取少許銀色壓克力顏料，並在調色紙上刷均勻。

3　圓海綿左右斜刷於黑色胚體表面上，仿製出黑板上的板擦痕跡。

4　薄薄上一層細分子消光保護劑作為隔離，吹乾即完成黑板風刷色技法。

5　參照技法4「硬紙貼法」，完成手繪黑板拼貼。

技法 **35**

大理石紋技法

材料　細丸筆・保鮮膜
　　　壓克力顏料（白、金）・水

How to make

材料

	1	2
3	4	5
6		

1 在胚體表面刷水。

2 白色、金色顏料隨意刷在胚體表面。

3 取比胚體寬的保鮮膜覆蓋，抓皺保鮮膜，並緊壓胚體表面。

4 拿掉保鮮膜，吹乾。

5 手輕握細丸筆的尾端，輕拉、轉筆、輕拉，最後將筆拉起，繪出石紋裂痕。

6 重複步驟5，作出數條不規則的石紋裂痕，待顏料乾燥即完成大理石紋技法。

技法 **36** + **37**

〔小提示〕
多圖重構利用顏料融合色塊，所以請準備多色壓克力顏料。

36 · 37

多圖重構・多紙材應用技法

材料 多張餐巾紙・打火機・AGS萬用底劑拼貼膠・圓海綿
壓克力顏料・專用紙・AGS專用紙拼貼膠・刮板
#10平筆・#2平筆・化妝海綿

How to make

材料

1 使用技法27「修圖燒烙技法」，將餐巾紙燒出不規則形，從胚體邊緣往內拼貼。

2 #2平筆筆毛微濕，當作水刀，在餐巾紙上描出邊緣，撕開，撕出的圖紙大小與胚體上未填滿的部分相當。

3 參照技法2「單劑型貼法」，完成整面多圖重構拼貼。

4 接著進行「多紙材應用」。使用#10平筆沾取顏料，在相近色的色塊相接處刷色，使色塊彼此融合。

5 準備專用紙，仔細剪出所需圖案。

6 參照技法4「硬紙貼法」，專用紙與多張餐巾紙並用，使畫面更顯豐富。

技法 **38**

栃木條技法

材料 壓克力顏料（黃、藍、咖、綠、白）
#240砂紙・鉛筆・乾刷筆
#10平筆・#2平筆

How to make

材料

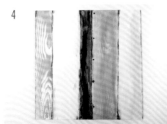

1 以鉛筆在胚體上畫出木條的寬度。

2 使用#10平筆沾取顏料，每個木條皆填色後，吹乾。以砂紙將胚體表面打磨光滑。

3 再次上色，吹乾。以#2平筆繪出木條間的咖啡色界線，吹乾。

4 加深局部木條交接處。繪上釘子的痕跡。

5 以乾刷筆刷出木條磨損的痕跡。

6 以乾平筆沾取深咖啡色顏料，在胚體邊緣與木條交接處，刷出朽壞的仿舊感。待顏料乾燥即完成

技法**39**

脫蠟技法

材料　#180砂紙・白蠟・壓克力顏料
　　　#10平筆・乾刷筆

How to make

材料

 ▶

1　在完成底色的胚體上塗上白蠟。

2　以乾刷筆刷掉多餘的蠟屑。

3　以平筆沾取顏料，在胚體上塗刷表面色，吹乾。

4　使用粗砂紙，局部刷出底色，呈現脫蠟的仿舊感。

5　在完成脫蠟技法的表面上構圖拼貼。

技法 **40**

三色菱格紋

材料　圓海綿・紙膠帶・2色壓克力顏料

─── **How to make** ───

材料

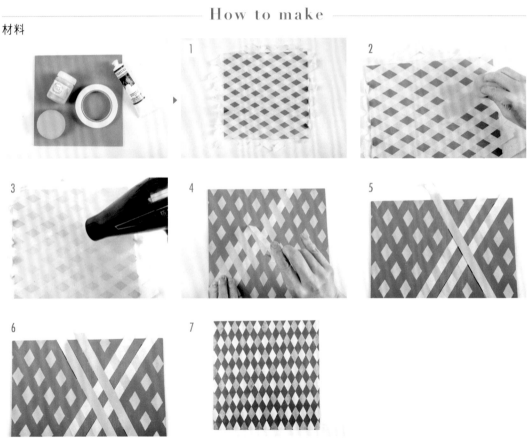

1 在上好底色（第1色）的胚體表面上斜貼紙膠帶，交叉出菱形的格紋（以一條紙膠帶的寬度作為間隔標準）。

2 以乾海綿沾取壓克力顏料，在胚體表面拍上第2色。

3 吹乾顏料。

4 慢慢撕下紙膠帶，依序排好，備用。

5 將有菱格紋的紙膠帶對準胚體表面已上色的菱格，重疊貼上（與剛才拍上色彩的紙膠帶交叉貼）。

6 未貼紙膠帶而露出的空格必須是步驟2拍出的四個上色菱格間的空格。

7 以乾海綿沾取壓克力顏料，拍上第3色，吹乾，撕掉紙膠帶即完成。

技法 **41**

天然海綿技法

材料 天然海綿‧各色壓克力顏料
水‧透明底劑

─── How to make ───

材料

 ▶

1 天然海綿泡濕,沾取1至2個顏色,不規則地在胚體上輕輕拍出顏色的變化。

2 以天然海綿拍色,直至覆蓋胚體底色。吹乾,上透明底劑。

3 待透明底劑乾燥後,在完成天然海綿拍色的表面上構圖拼貼。

技法 **42**

鏡面灌膠技法

材料　3H鏡面灌膠組·量杯
　　　攪拌棒·打火機·舊平筆
　　　完成拼貼的胚體

─── **How to make** ───

材料

〔小提示〕
＊鏡面灌膠用量：長15×寬
　12×灌膠厚度0.1(cm)=18(g)
＊2A+1B=18g（A劑12g、B劑
　6g）

1　鏡面灌膠1B劑6g倒於量杯中。

2　鏡面灌膠2A劑12g倒於量杯中。

3　將A＋B混合劑攪拌調勻。

4　AB調和劑調勻後，倒在胚體表面。

5　使用攪拌棒將調和劑均勻鋪滿胚體表面。

6　使用防風打火機，利用加熱的方式消除小泡泡。

7　靜置3至6小時，乾燥後即完成。

鏡面灌膠用量計算法

材料　3H鏡面灌膠‧量杯‧攪拌棒

步驟 1

計算灌膠範圍表面積
表面積算法
1.長方形＝長×寬
2.正方形＝邊×邊
3.三角形＝底×高÷2
4.圓形＝半徑×半徑×3.1416
5.梯形＝(上底＋下底)×高÷2
6.橢圓形＝3.1416×半長軸長×半短軸長

步驟 2

確定灌膠所需的總公克數＝表面積×0.1（cm，灌膠厚度）

步驟 3

灌膠兩劑比例為2A：1B＝2：1

最後依下列公式計算用量
2A克數＝總公克數×2/3
1B克數＝總公克數×1/3

技法 **43**

多彩鏡面刷膠技法

材料 玻璃作品・多彩保護劑組・ 刮刀
舊平筆・量杯

How to make

材料

〔小提示〕多彩鏡面刷膠
的保護作用等同於一般水
性保護劑20層，適用於玻
璃、安全帽、行李箱等胚
體上。

1　多彩鏡面1B劑2g，2A劑4g，倒入量杯中。

2　混合並調合均勻。

3　以舊平筆沾取多彩鏡面調和液，用力薄刷於玻璃盤背面。

4　靜置3至6小時，乾燥後即完成。

技法 **44**

珍珠貝殼面技法

材料 6色珠光顏料・#10平筆
AGS細分子消光保護劑・紙膠帶
深色底色胚體

—————————————— How to make ——————————————

材料

 ▶

〔小提示〕
建議選用深色底色的胚
體,更能顯現貝殼珠光效
果。

1 以紙膠帶在胚體上貼出欲作珍珠貝殼面的範圍。

2 以平筆沾取珠光顏料,不規則地塗在表面,可重複,勿塗太厚。

3 吹乾,撕去紙膠帶,上細分子消光保護劑,乾燥即完成。

技法 **45**

金質貼紙技法

材料　未完成的作品・金質貼紙
　　　　小剪刀・小鑷子

───── How to make ─────

材料

〔小提示〕
常用於界線的使用，可使
畫面更完美。

1　使用鑷子將金質貼紙撕下。

2　右手以鑷子將金質貼紙置於兩種技法的界線處，可以修飾界限線條，使趨於完美。

3　完成金質貼紙的應用。

和紙膠帶應用

材料 印花和紙膠帶
白色杯墊·#180砂紙·剪刀

--- How to make ---

材料

1 將和紙膠帶貼在白底胚體上（選擇白杯墊示範）。

2 應用多款和紙膠帶拼貼構圖。

3 使用#180砂紙，磨掉超過杯墊表面的和紙膠帶。

4 仔細修整邊緣，即完成和紙膠帶應用技法。

自製手繪餐巾紙‧印章應用技法

材料　素白餐巾紙‧多色麥克筆‧AGS萬用底劑拼貼膠‧
#10平筆‧圓海綿‧油性印墨‧印章

How to make

材料

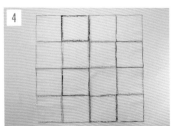

1　鋪開素白餐巾紙（一份三層）。

2　在餐巾紙上使用麥克筆繪出想要的圖騰，完成自製手繪餐巾紙。

3　接下來應用印章構圖，先選擇喜愛的印章圖案。

4　鋪平已繪好的手繪餐巾紙。

5　在印章上沾取油性印墨。

6　將已沾上油性印墨的印章蓋在手繪餐巾紙上。

7　取下完成手繪、位於最上層的那一層餐巾紙。

8　手繪餐巾紙的貼法請參照技法2「單劑型貼法」。

絢幻琉璃彩

初學者 OK！日常的彩繪新美學

生活器物 × 質感框畫 × 簡易拼貼

琉璃彩是由拼貼女王張靖宜老師2012年在台灣首創，
不需窯燒，吹風機就可上手！
在家就能動手作出美麗質感の生活器物

拼貼女王——張靖宜老師
第一本琉璃彩全創作
帶您進入絕美風華の琉璃彩世界！

作者：張靖宜
定價：420元

國家圖書館出版品預行編目資料

完全圖解‧蝶古巴特達人學：你一定學得會的48個
實作技法／張靖宜作.
-- 初版.-- 新北市：雅書堂文化, 2018.06
　面；　公分. -- (FUN手作；124)
ISBN 978-986-302-436-1(平裝)

1.拼貼藝術 2.手工藝

426.9　　　　　　　　　　　　　107008024

【Fun手作】124

完全圖解‧蝶古巴特達人學
你一定學得會的48個實作技法

作　　　者／張靖宜
發 行 人／詹慶和
總 編 輯／蔡麗玲
執行編輯／李宛真
編　　　輯／蔡毓玲‧黃璟安‧劉蕙寧‧陳姿伶‧陳昕儀
執行美編／陳麗娜
美術編輯／周盈汝‧韓欣恬
攝　　　影／數位美學‧賴光煜
情境模特兒／范思敏
出 版 者／雅書堂文化事業有限公司
發 行 者／雅書堂文化事業有限公司
郵政劃撥帳號／18225950
戶　　　名／雅書堂文化事業有限公司
地　　　址／新北市板橋區板新路206號3樓
電　　　話／（02）8952-4078
傳　　　真／（02）8952-4084
網　　　址／www.elegantbooks.com.tw
電子郵件／elegant.books@msa.hinet.net

2018年6月初版一刷　定價／430元

經銷／易可數位行銷股份有限公司
地址／新北市新店區寶橋路235巷6弄3號5樓
電話／(02)8911-0825
傳真／(02)8911-0801

牛津艺术学院
OXFORD ART ACADEME

英國牛津藝術學院藝術高級研修班
水墨、西畫、工藝美術組
學制一年，以名師帶高徒的方式，傳承與開創

OXFORD ART

【招生對象】
美術、工藝、藝術愛好者、美術創作者、職業畫家等，
從事工藝手作和美術教育者優先。

【報名諮詢】牛津藝術學院台灣教學中心聯絡處
聯絡人：蔡小姐　電話：0975-098889、0923-449988

張靖宜　導師

王美玥　導師

牛津藝術學院官網

AGS Possibilities

京月。靜好

蝶古巴特｜金銀琉璃彩
師資募集

· AGS蝶古巴特藝術拼貼師資證照培訓
· AGS金銀琉璃彩師資證照培訓
· AGS國際藝術師資證照培訓 　－以上培訓詳情，請洽各地AGS師資群－

AGS Possbilities 新玩家有限公司  AGS Possibilities 🔍

Fax: 0975-098889　Fax：04-25294598　台中市豐原區中興里三村路100巷2號
www.shop2000.com.tw/ags　　www.facebook.com/ags.possibilities

圖片攝影／ 數位美學 賴光煜
圖片提供／ 雅書堂文化
圖片摘自／《蝶古巴特達人學》一書
版面設計／ 曾超曲